/// 工业机器人专业人才"十三五"规划教材

工业机器人应用基础
——基于 KUKA 机器人

主 编 林燕文 李曙生

副主编 陈南江

主 审 罗红宇

北京航空航天大学出版社

内 容 简 介

随着德国"工业4.0"概念的提出,以智能制造为主导的第四次工业革命也开始逐渐影响到人类的生活。中国作为制造大国之一,围绕实现制造强国的战略目标,在确立了《中国制造2025》方针的同时,也明确了中国制造业未来发展的任务和重点,"一二三四五五十"的总体结构中将机器人技术列为十大领域之一。

KUKA是世界领先的机器人制造商,于1973年生产出全球第一台六轴机电驱动的工业机器人,KUKA机器人如今已应用于各行各业。本书以KUKA机器人为载体,配合大量实物图片,生动形象地介绍KUKA机器人的系统组成、机器人示教器的功能及使用、工件及工具坐标系的定义和标定方法,以及机器人的手动操作方法;运用大量实际案例,深入浅出、步骤清晰地介绍机器人工作站的搭建、程序的建立以及常用程序指令的编写;最后,利用北京华航唯实机器人科技有限公司自主开发的RobotArt离线编程软件,通过一个具体的机器人写字案例,对在RobotArt软件上搭建机器人工作站并生成后置代码,以及在真实工作站中联机调试过程进行详细介绍。全书内容丰富,知识面涵盖广,能够使读者对KUKA机器人以及机器人工作站的搭建及示教编程有一个清晰的了解。

本书通俗易懂,实用性强,既可作为普通高校及中高职院校的教学及参考用书,又可作为工业机器人培训机构用书,同时也可供从事相关行业的技术人员参考。

图书在版编目(CIP)数据

工业机器人应用基础. 基于KUKA机器人 / 林燕文,
李曙生主编. -- 北京:北京航空航天大学出版社,
2016.7
ISBN 978 - 7 - 5124 - 2170 - 7

Ⅰ.①工… Ⅱ.①林… ②李… Ⅲ.①工业机器人—
教材 Ⅳ.①TP242.2

中国版本图书馆CIP数据核字(2016)第134534号

工业机器人应用基础——基于KUKA机器人
主编 林燕文 李曙生
副主编 陈南江
主审 罗红宇
责任编辑 赵延永 李丽嘉

*

北京航空航天大学出版社出版发行
北京市海淀区学院路37号(邮编100191) http://www.buaapress.com.cn
发行部电话:(010)82317024 传真:(010)82328026
读者信箱:goodtextbook@126.com 邮购电话:(010)82316936
北京九州迅驰传媒文化有限公司印装 各地书店经销

*

开本:787×1 092 1/16 印张:16.5 字数:422千字
2016年11月第1版 2023年6月第7次印刷 印数:10 501～11 500册
ISBN 978 - 7 - 5124 - 2170 - 7 定价:38.00元

【任务实施】

尖点工具的测量

1. 尖点工具的测量

尖点工具的测量方法见表2-16。

表 2-16 尖点工具的测量方法

序　号	操作步骤	图片说明
1	单击"投入运行"选项,并选择"测量"选项	
2	单击"工具"选项,选择"XYZ 4点法"	

序　号	操作步骤	图片说明
3	输入工具号及工具名,并单击"继续"按钮	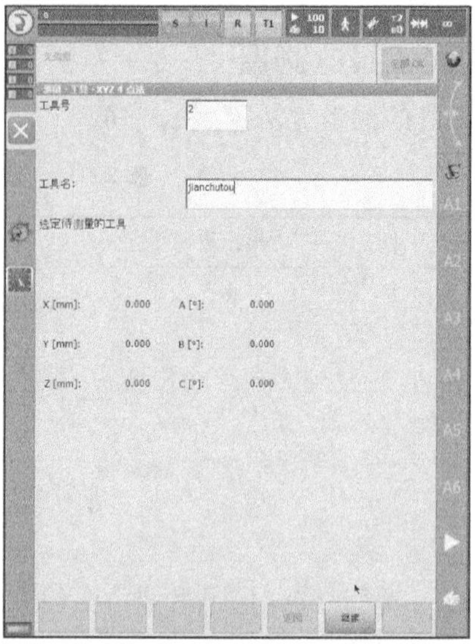
4	将机器人 TCP 以第一种姿态移至参考点	
5	单击"测量"按钮,并在弹出的选择框中选择"是",确认采用第一种姿态	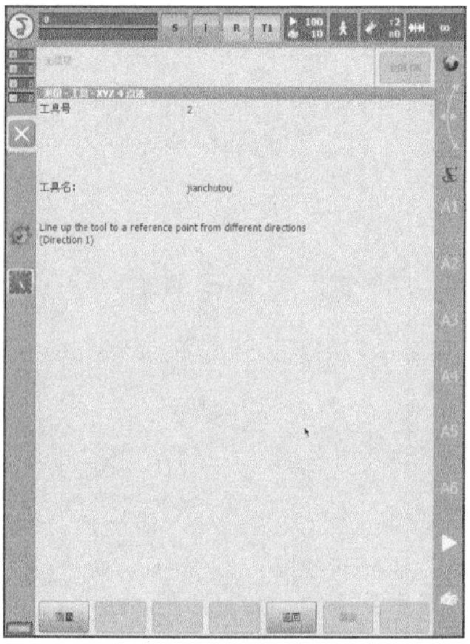

序 号	操作步骤	图片说明
6	将机器人 TCP 以第二种姿态移至参考点	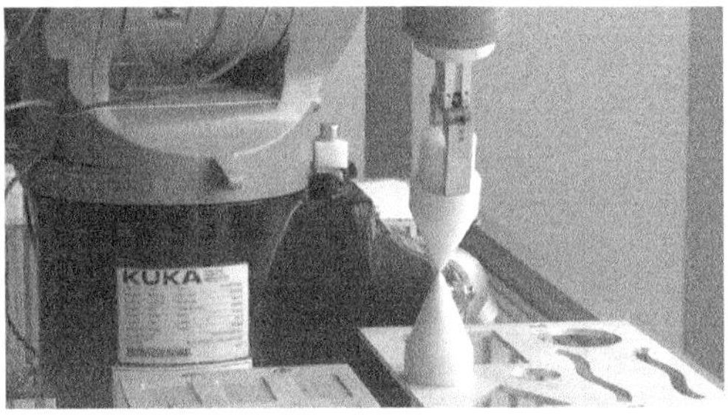
7	单击"测量"按钮,并在弹出的选择框中选择"是",确认采用第二种姿态	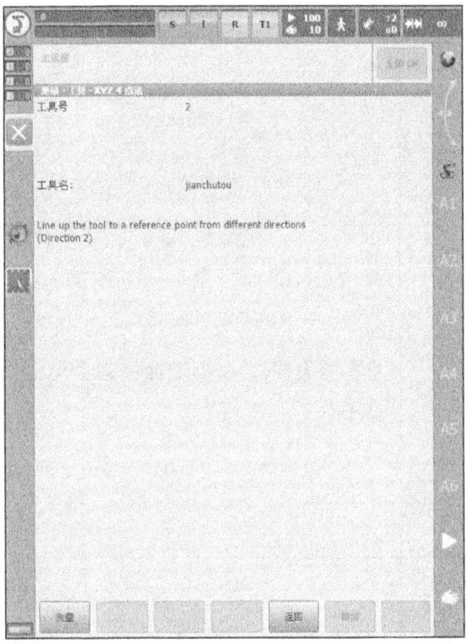
8	将机器人 TCP 以第三种姿态移至参考点	

序　　号	操作步骤	图片说明
9	单击"测量"按钮,并在弹出的选择框中选择"是",确认采用第三种姿态	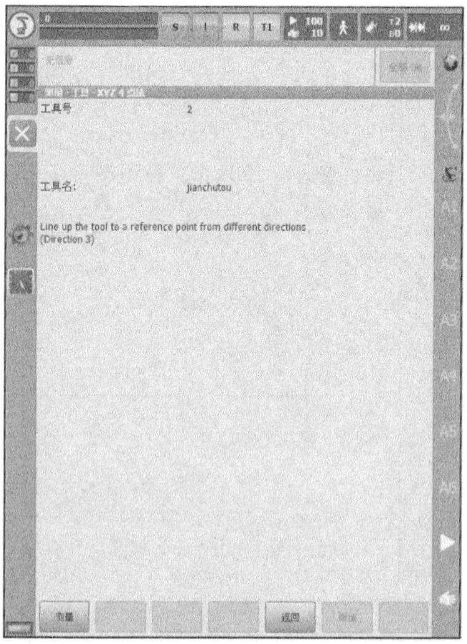
10	将机器人 TCP 以第四种姿态移至参考点	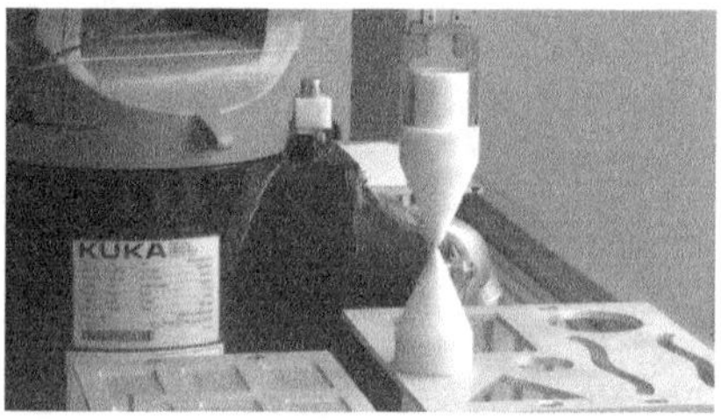
11	单击"测量"按钮,并在弹出的选择框中选择"是",确认采用第四种姿态	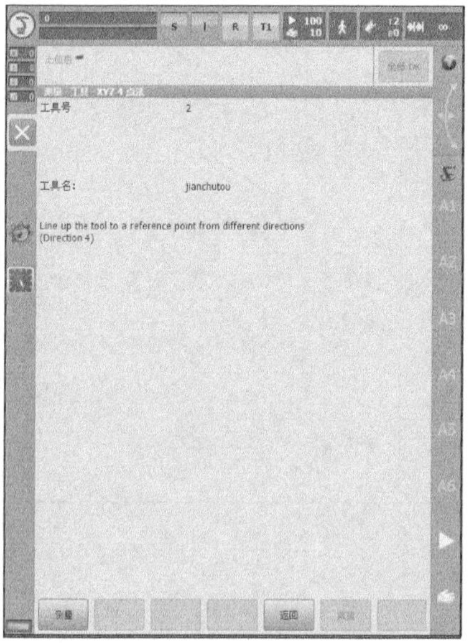

序　号	操作步骤	图片说明
12	输入负载工具数据并单击"继续"按钮	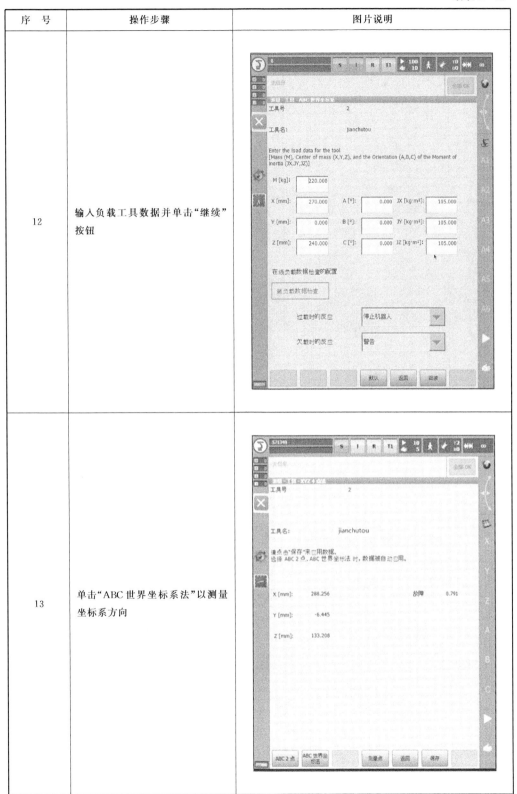
13	单击"ABC 世界坐标系法"以测量坐标系方向	

序　号	操作步骤	图片说明
14	选择 6D 法测量,并单击"继续"按钮	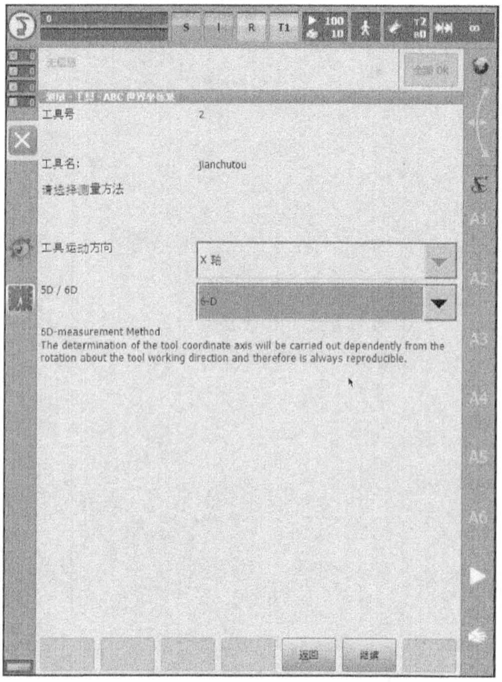
15	将机器人待测 TCP 的坐标系方向调整至分别与机器人世界坐标系平行	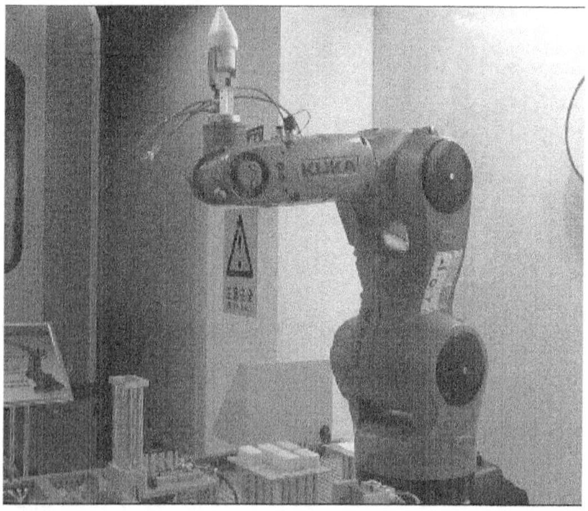

续表 2 - 16

序　号	操作步骤	图片说明
16	单击测量按钮,并在弹出的选择框中选择是选项,确认采用此种姿态	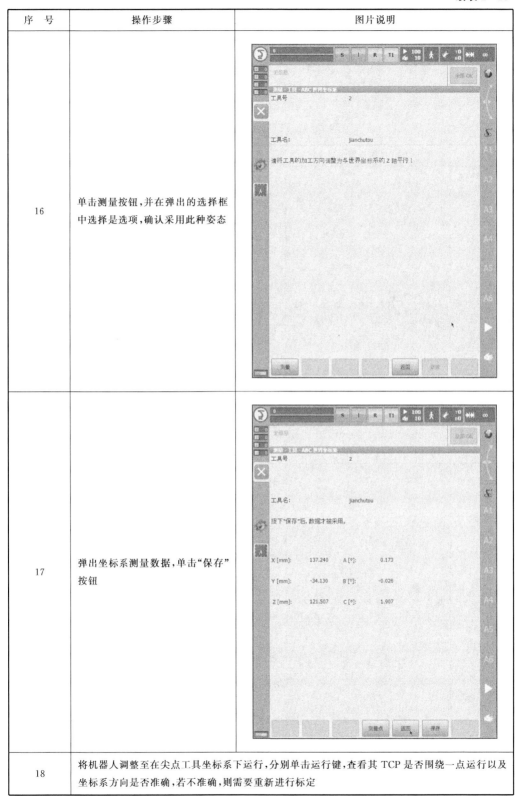
17	弹出坐标系测量数据,单击"保存"按钮	
18	将机器人调整至在尖点工具坐标系下运行,分别单击运行键,查看其 TCP 是否围绕一点运行以及坐标系方向是否准确,若不准确,则需要重新进行标定	

2. 抓爪工具的测量

表 2 - 17 是抓爪工具的测量步骤。

抓爪工具的测量

表 2 - 17 抓爪工具的测量步骤

序　号	操作步骤	图片说明
1	单击"投入运行"选项，并选择"测量"选项	
2	单击"工具"选项，选择"XYZ 4 点法"	

序　号	操作步骤	图片说明
3	输入工具号及工具名，并单击"继续"按钮	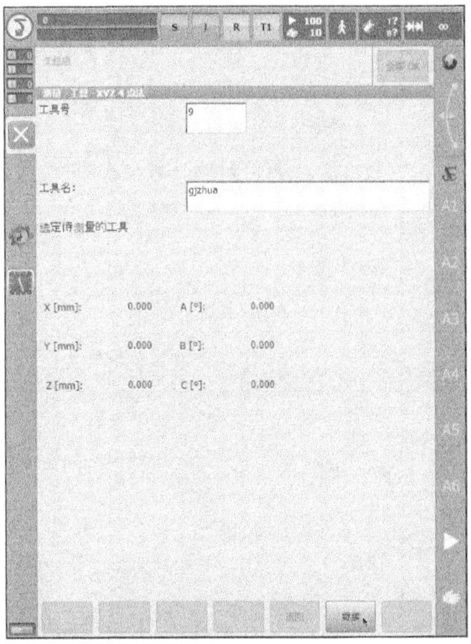
4	将机器人 TCP 以第一种姿态移至参考点	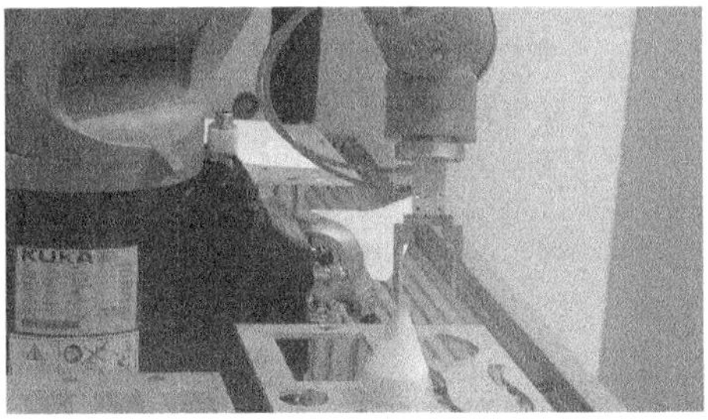
5	单击"测量"按钮，并在弹出的选择框中选择"是"，确认采用第一种姿态	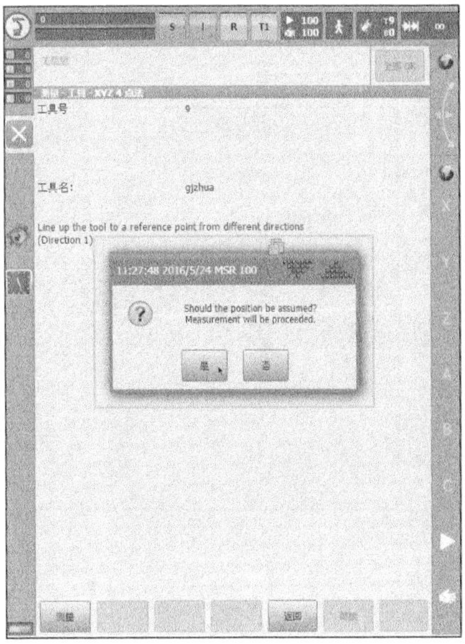

序　　号	操作步骤	图片说明
6	将机器人 TCP 以第二种姿态移至参考点	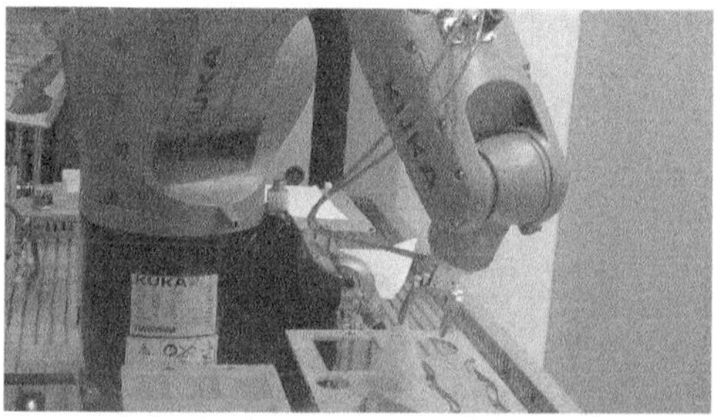
7	单击"测量"按钮,并在弹出的选择框中选择"是",确认采用第二种姿态	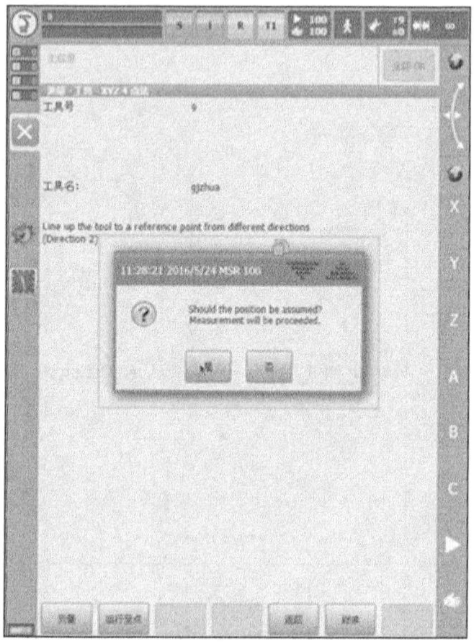
8	将机器人 TCP 以第三种姿态移至参考点	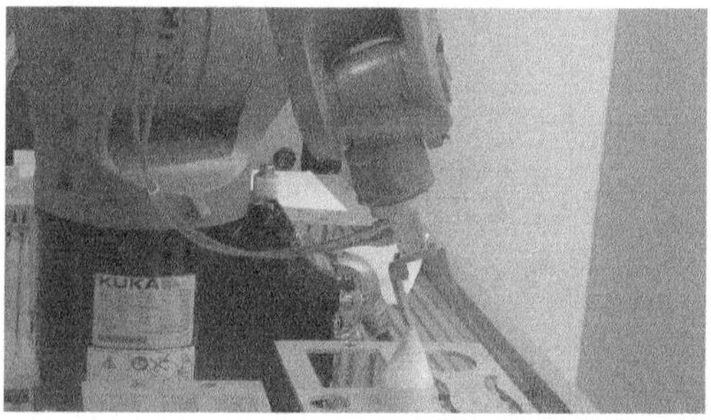

序　号	操作步骤	图片说明
9	单击"测量"按钮,并在弹出的选择框中选择"是",确认采用第三种姿态	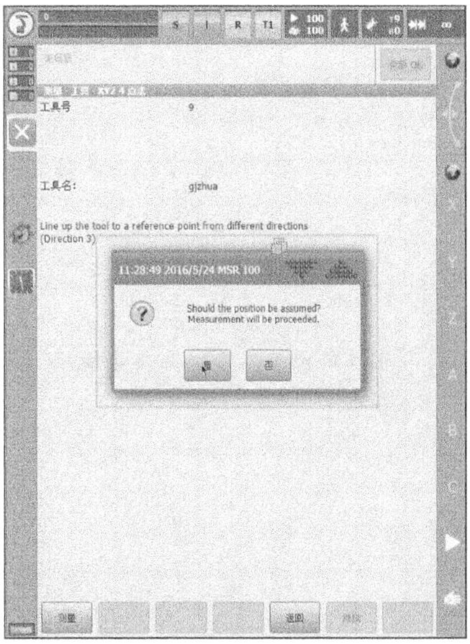
10	将机器人 TCP 以第四种姿态移至参考点	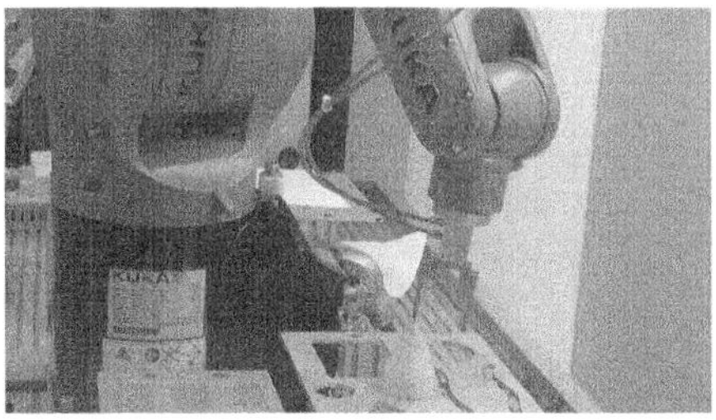
11	单击"测量"按钮,并在弹出的选择框中选择"是",确认采用第四种姿态	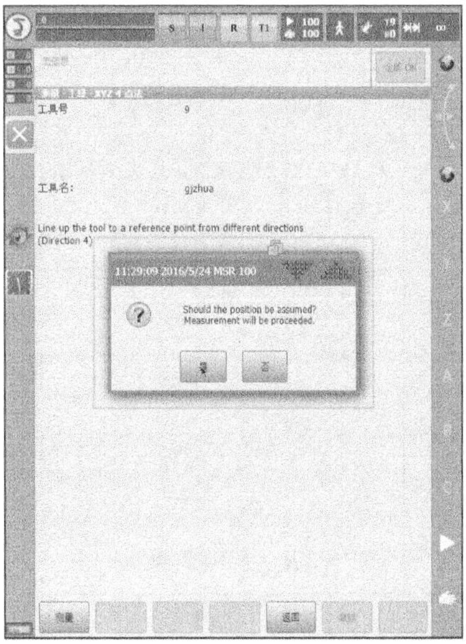

序　号	操作步骤	图片说明
12	输入负载工具数据并单击继续按钮	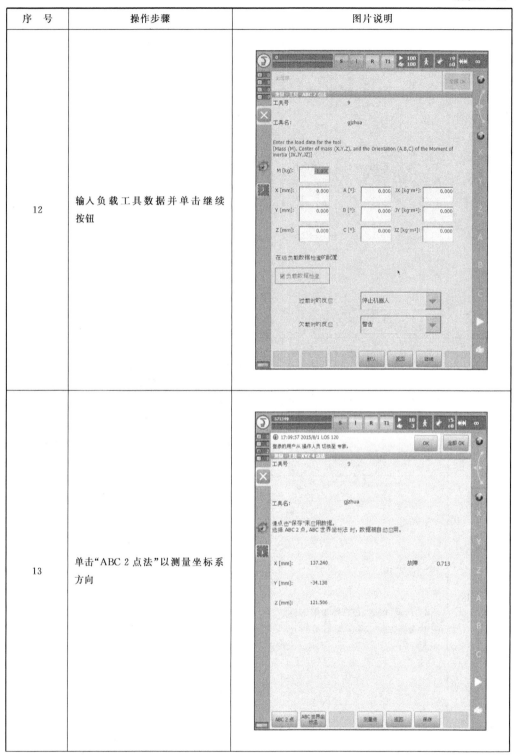
13	单击"ABC 2 点法"以测量坐标系方向	

续表 2-17

序　号	操作步骤	图片说明
14	将待测工具的 TCP 移到参照点	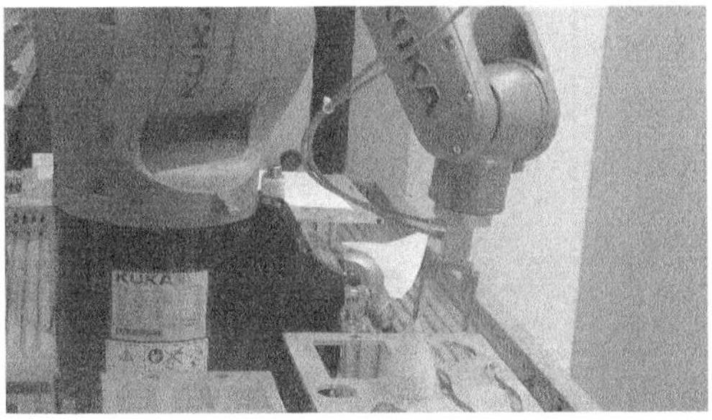
15	单击"测量"按钮,并在弹出的选择框中选择"是",确认采用此点为坐标系为原点	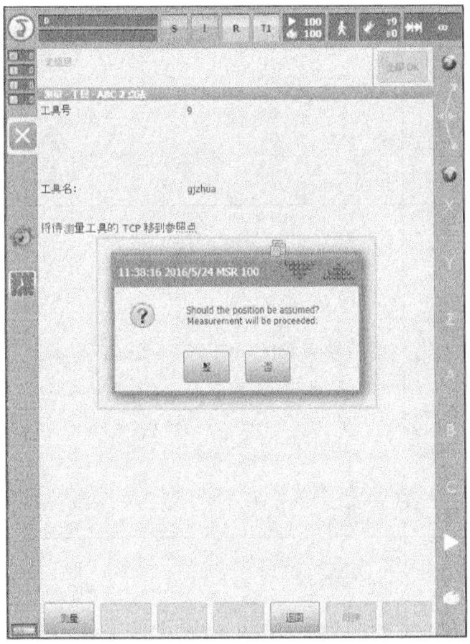
16	将待测工具的 TCP 移向坐标系－X 轴上一点	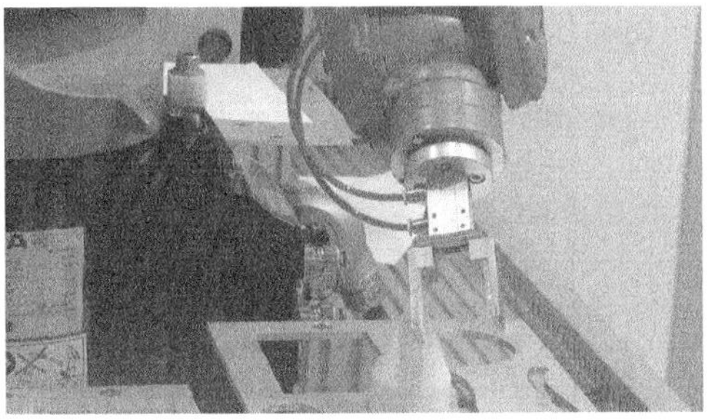

序 号	操作步骤	图片说明
17	单击"测量"按钮,并在弹出的选择框中选择"是",确认采用此点为坐标系-X 上一点	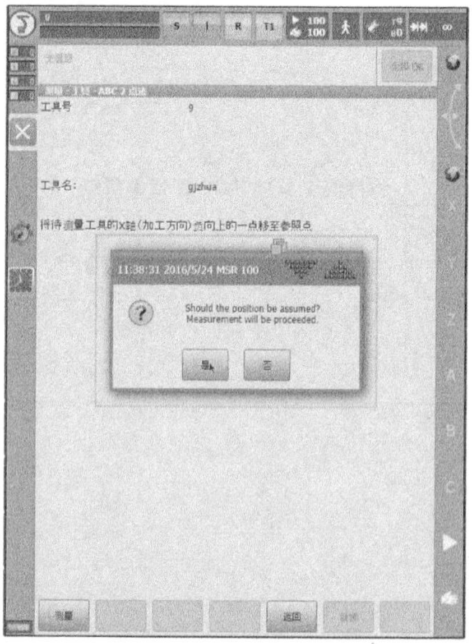
18	将待测工具的 TCP 移向坐标系+Y 轴上一点	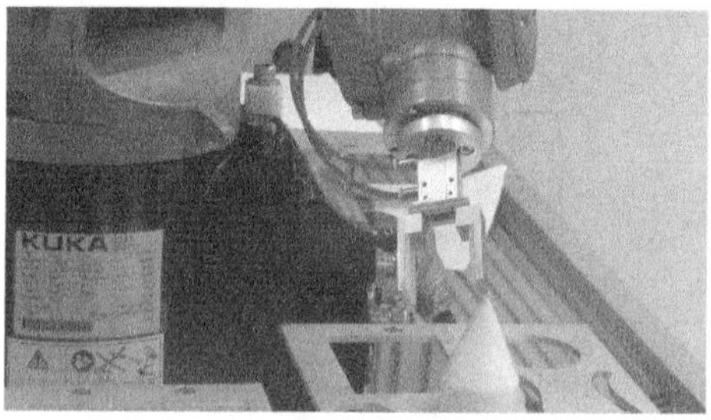
19	单击"测量"按钮,并在弹出的选择框中选择"是",确认采用此点为坐标系+Y 上一点	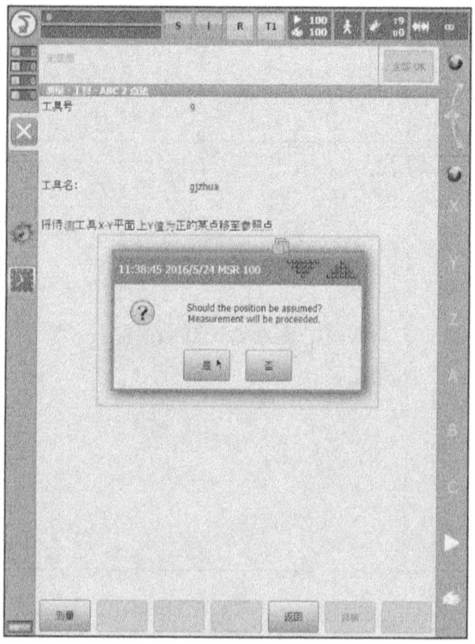

续表 2 - 17

序　号	操作步骤	图片说明
20	弹出坐标系测量数据界面,单击保存按钮即可保存相关数据并可被采用	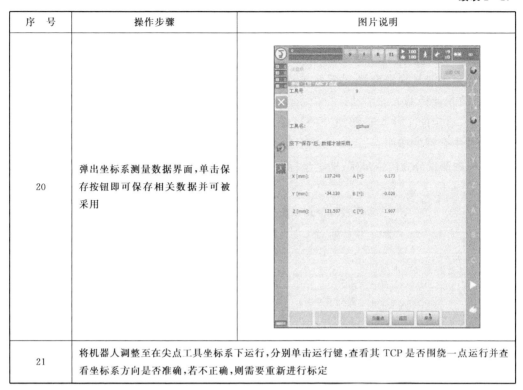
21	将机器人调整至在尖点工具坐标系下运行,分别单击运行键,查看其 TCP 是否围绕一点运行并查看坐标系方向是否准确,若不正确,则需要重新进行标定	

任务五　基坐标系设置

【任务描述】

新建基坐标系,按照操作步骤建立轨迹实训台的基坐标系,如图 2 - 37 所示,在机器人 T1 运行模式下,单击相应运行键,查看坐标系建立的准确性。

图 2 - 37　轨迹实训台的基坐标系设置

【知识学习】

基坐标系测量。

(1) 基坐标系测量原理

基坐标系测量是根据世界坐标系在机器人周围的某一个位置上创建坐标系,目的是使机器人的手动运行以及编程设定的位置均以该坐标系为参照。因此,设定的工件支座和抽屉的边缘、货盘或机器的外缘均可作为基准坐标系中合理的参照点。

基坐标系测量

基坐标系测量分为两个步骤:确定坐标系原点和定义坐标系方向,具体测量方法如表 2 - 18 所列。

表 2 - 18　基坐标系测量方法说明

方　法	说　明
3 点法	① 定义原点; ② 定义 X 轴正方向; ③ 定义 Y 轴正方向(XY 平面)
间接方法	① 当无法逼近基坐标系原点时,例如,由于该点位于工件内部,或位于机器人工作空间之外时,须采用间接法; ② 此时须逼近 4 个相对于待测量的基坐标其坐标值(CAD 数据)已知的点;机器人控制系统将以这些点为基础对基准进行计算
数字输入	直接输入至世界坐标系的距离(X,Y,Z)和转角(A,B,C)
注:三点法测量时三个测量点不允许位于一条直线上,这些点间必须有一个最小夹角(标准设定 2.5°)	

(2) 基坐标系测量意义

工件经过测量之后,有以下几个特点:

① 沿着工件边缘移动:在手动运行模式下,机器人选择在基坐标系下运行,工具 TCP 可以沿着基坐标系的方向移动,如图 2 - 38 所示。

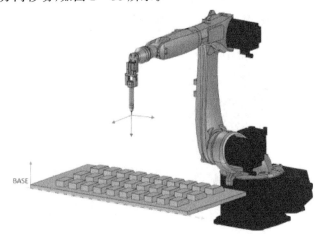

BASE

图 2 - 38　TCP 沿工件边缘移动

② 作为参照坐标系:如图 2 - 39 所示,在基坐标系 Base1 下,对 A 进行轨迹编程,如果要对另外一件和 A 一样的工件进行轨迹编程,只需建立一个基坐标系 Base2,将 A 的程序复制一份,Base1 更新为 Base2 即可,无需再重新示教编程。

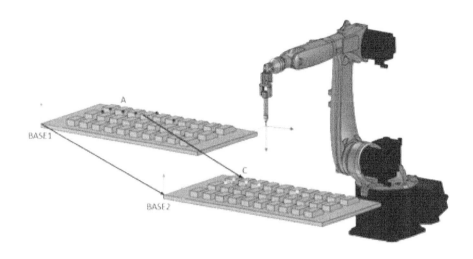

图 2 - 39 可进行基坐标系偏移

③ 可同时使用多个基坐标系:最多可建立 32 个不同的坐标系,一段程序里面可应用多个基坐标系,如图 2 - 40 所示。

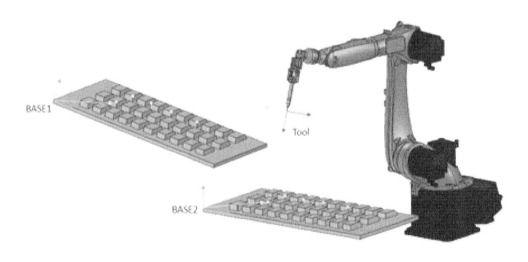

图 2 - 40 可同时使用多个基坐标系

【任务实施】

轨迹实训台的基坐标测量。

新建 K02 工作站中的轨迹实训台基坐标系的具体步骤见表 2 - 19。

表 2 - 19　新建基坐标系的具体步骤

序　号	操作步骤	图片说明
1	依次单击示教器中的"投入运行"→"测量"选项	
2	选择"基坐标"→"3 点法"开始进行测量	

序　号	操作步骤	图片说明
3	给基坐标系进行编号和命名,并单击"继续"按钮	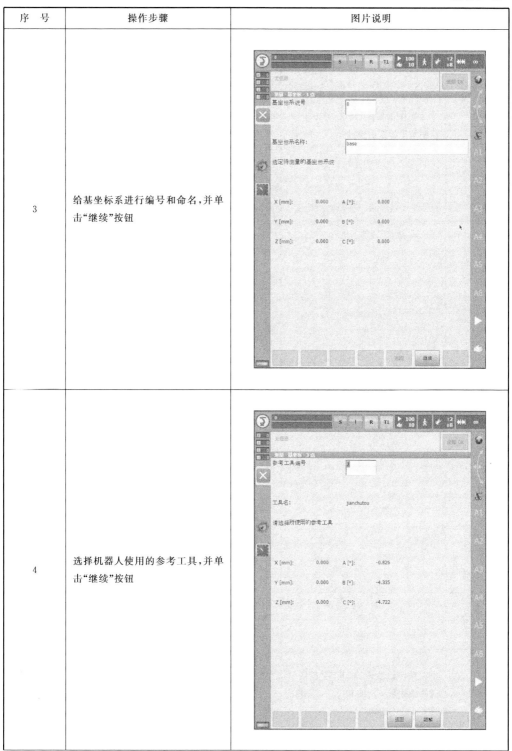
4	选择机器人使用的参考工具,并单击"继续"按钮	

序　号	操作步骤	图片说明
5	手动操作机器人,将其 TCP 移至待测基坐标系的原点	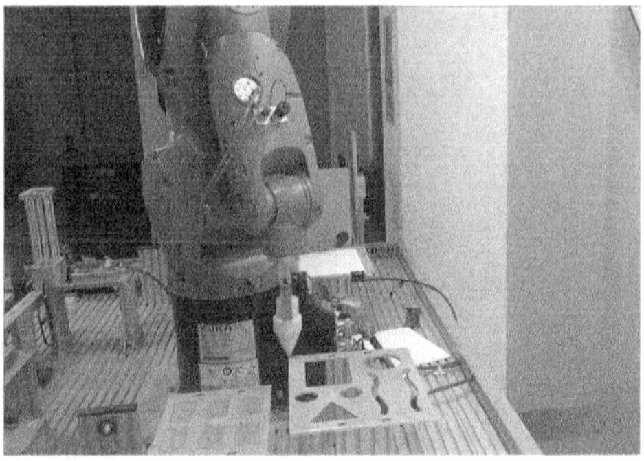
6	在示教器界面单击"测量"按钮,在弹出的选择框中选择"是",以确认采用此点为原点	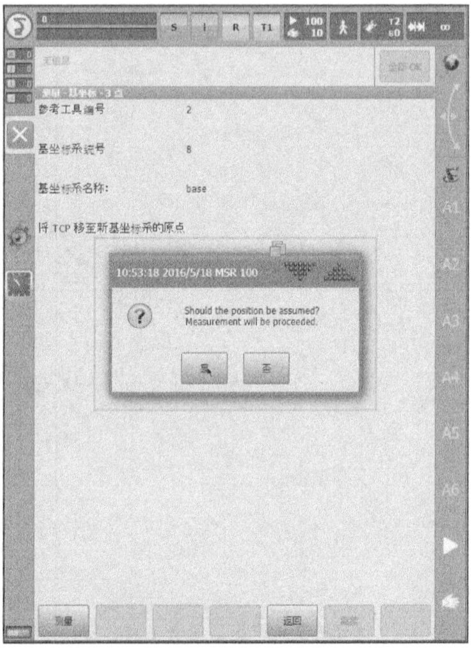
7	手动操作机器人,将其 TCP 移至待测坐标系+X 轴上一点,注意距离不小于 50 mm	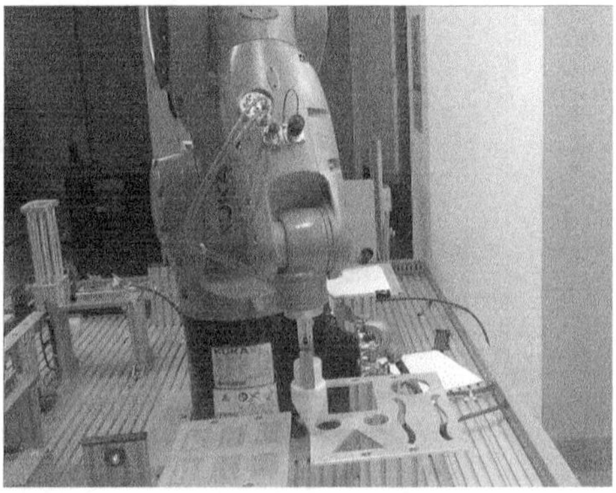

续表 2－19

序　号	操作步骤	图片说明
8	在示教器界面单击"测量"按钮，在弹出的选择框中选择"是"，以确定 X 轴正方向	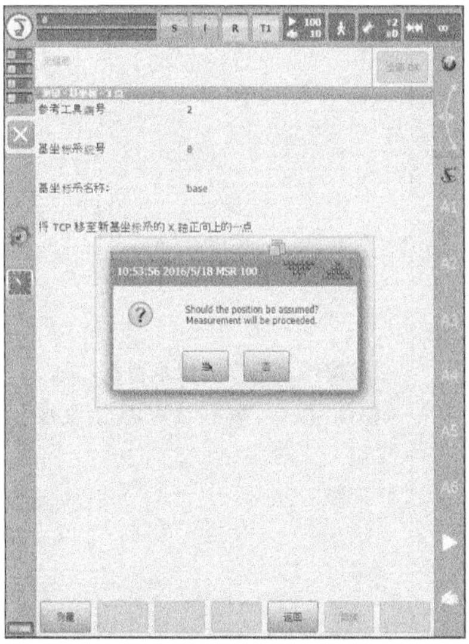
9	再次移动机器人，将其 TCP 移至待测基坐标系＋Y 方向上一点，注意距离不小于 50 mm	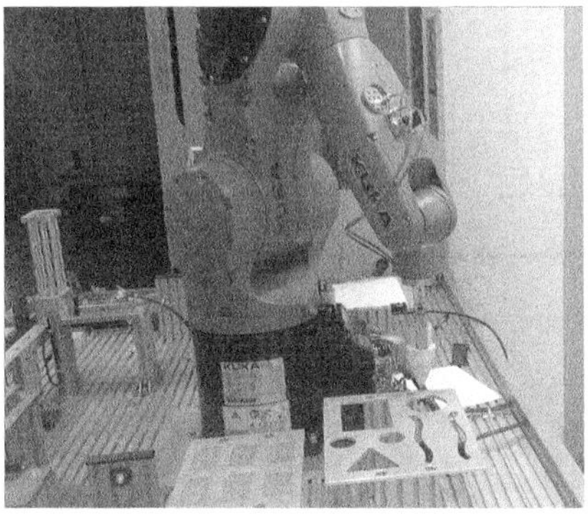
10	在示教器界面单击"测量"按钮，在弹出的选择框中选择"是"，以确定 Y 轴正方向	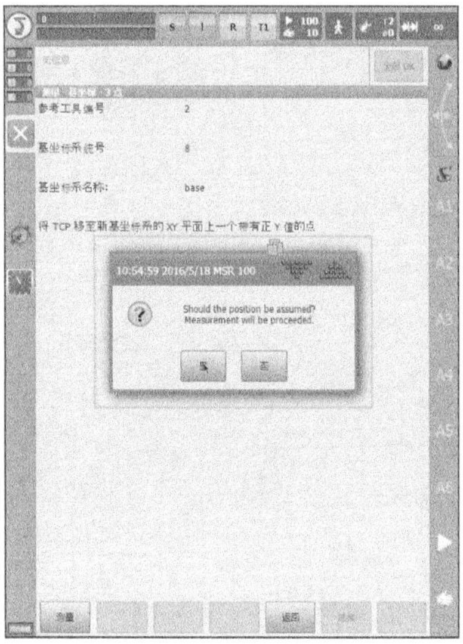

序　号	操作步骤	图片说明
11	示教器弹出坐标系测量数据,单击"保存"按钮,数据被保存并可被采用	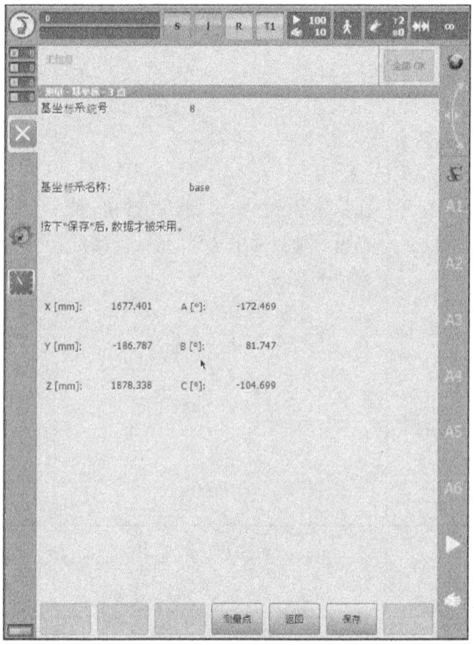
12	将机器人调至此基坐标系下运行,单击相应运行键,查看坐标系测量方向是否正确	

项目三　工业机器人的程序编写

【知识点】

- KUKA 机器人运动指令 SPTP、SLIN、SCIRC、样条曲线；
- 沿轨迹运动的姿态导引；
- 执行机器人程序；
- 程序流程控制编程：If 指令、switch-case 分支、循环编程、等待函数编程；
- 程序调用指令（程序名称（））；
- 逻辑编程（out、in、Wait、Wait for）。

【技能点】

- 矩形轨迹、三角形轨迹、曲线轨迹、圆形轨迹示教编程；
- 循环技术编程；
- 子程序的调用；
- 模拟冲压流水线生产的示教编程。

任务一　程序的建立及运动指令的使用

【任务描述】

了解 KUKA 机器人程序的建立及 PTP、LIN、CIRC 基本运动指令的使用，按步骤正确地完成矩形、三角形、曲线及圆形轨迹的示教编程。

【知识学习】

1. 机器人运动指令入门

机器人在程序控制下运动时，要求编制运动指令，在 KUKA 机器人中有不同的运动方式供其编辑使用，通过指定的运动方式和相应的运动指令，机器人才会知道如何进行运动。下列是机器人的运动方式：

机器人
运动指令入门

① 按轴坐标的运动：SPTP，即点到点；
② 沿轨迹的运动：SLIN（线性运动）和 SCIRC（圆周运动）；
③ 样条运动：SPLINE。

（1）点到点运动（PTP）

1）点到点运动的定义

机器人的点到点运动是指机器人沿最快的轨道将 TCP 从起始点引至目标点，这是耗时最短，也是最优化的移动方式。一般情况下最快的轨道并不是最短的轨道，也就是说轨迹并非是直线，因为机器人轴进行回转运动，所以曲线轨道比直线轨道行进更快。所有轴的运动同时开始和结束,这些轴必须同步,因此无法精确地预计机器人的轨迹。

如图 3-1 所示,机器人工具 TCP 从 P1 点移动到 P2 点,采用 PTP 运动方式时,移动路线不一定就是直线。由于此轨迹无法精确预知,所以在调试以及试运行时,应该在阻挡物体附近降低速度来测试机器人的移动特性,如果不进行这项工作,则可能发生对撞并且由此造成部件、工具或机器人损伤的后果。

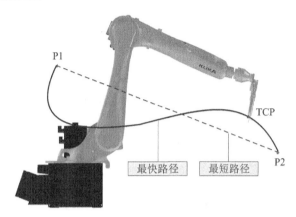

图 3-1 PTP 运动示意图

2) 创建点到点运动(SPTP)的操作方法

在 KUKA 机器人中,运动指令的创建是通过联机表单来完成的,但前提条件是机器人的运动方式已经设置为 T1 运行方式。在程序编辑器中创建 SPTP 运动的具体步骤如下:

① 手动操作机器人,将其 TCP 移向应被设为目标点的位置;

② 将示教器光标放置在其后应添加运动指令的那一行程序中;

③ 依次单击菜单序列"指令"→"运动"→SPTP 作为选项,也可以在相应行中按下软件运动,选完运动指令后,出现 SPTP 指令的联机表单(见图 3-2),并设置其各项参数(联机表单各项参数含义见表 3-1)。

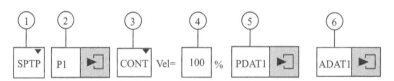

图 3-2 SPTP 联机表单

表 3-1 SPTP 联机表单参数说明

序　号	说　明
①	运动方式:PTP(点到点运动)
②	• 目标点名称:系统自动赋予名称,名称可以被改写; • 需要编辑点数据时请触摸箭头,相关选项窗口即自动打开

续表 3-1

序 号	说 明
③	• CONT:目标点被轨迹逼近; • 空白:将精确地移至目标点
④	速度:PTP 时,速度为 1~100%;LIN 时,速度为 0.001~2m/s
⑤	• 运动数据组名称:系统自动赋予名称,名称可以被改写; • 需要编辑点数据时请触摸箭头,相关选项即自动打开
⑥	• 通过切换参数可显示和隐藏该栏目; • 含逻辑参数的数据组名称:系统自动赋予名称,名称可以被改写; • 需要编辑点数据时,请触摸箭头,相关选项即自动打开

④ 单击联机表单中名称旁的箭头图标,弹出坐标系设置窗口,在选项窗口"坐标系"中输入工具和基坐标系的正确数据,以及关于插补模式的数据和碰撞监控的数据,如图 3-3 所示,各参数含义见表 3-2。

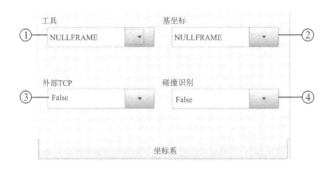

图 3-3 坐标系窗口

表 3-2 坐标系参数说明

序 号	参数说明
①	选择工具,如果外部 TCP 栏中显示 TRUE:选择工件,值域:[1]…[16]
②	选择基坐标,如果外部 TCP 栏中显示 TRUE:选择固定工具,值域:[1]…[32]
③	外部 TCP • False:该工具已安装在连接法兰处; • True:该工具为一个固定工具
④	碰撞识别 • True:机器人控制系统为此运动计算轴的扭矩,此值用于碰撞识别; • False:由于机器人控制系统为此运动不计算轴的扭矩,因此对此运动无法进行碰撞识别

⑤ 单击 PDAT1 旁的箭头图标,可进入"移动参数"设置窗口,如图 3-4 所示,在此选项窗口中可将加速度从最大值降下来。如果已经激活轨迹逼近,则也可以更改轨迹逼近距离,根据配置的不同,该距离的单位可以设置为 mm 或%,移动参数设置窗口各项含义见表 3-3。

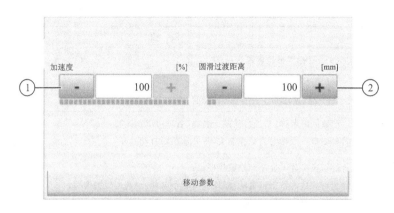

图 3-4 移动参数设置窗口

表 3-3 移动参数含义说明

序 号	参数说明
①	加速度 以机器数据中给出的最大值为基准,此最大值与机器人类型和所设定的运行方式有关,该加速度适用于该运动语句的主要轴
②	• 只有在联机表单中选择了 CONT 之后,此栏才显示; • 离目标点的距离,即最早开始轨迹逼近的距离; • 最大距离:从起点到目标点之间的一半距离,以无轨迹逼近 PTP 运动的运动轨迹为基准; • 加速调整范围:1%～100%; • 圆滑过渡距离范围:1～1 000 mm

⑥ 单击"指令 OK",完成指令的添加,TCP 的当前点位置被作为目标点示教。

(2) 线性运动(SLIN)

1) 线性运动的定义

线性运动是指机器人沿一条直线以定义的速度得 TCP 引至目标点,即在线性移动过程中,机器人转轴之间将进行配合,使得工具及工件参照点沿着一条通往目标点的直线移动。如果按给定的速度沿着某条精确的轨迹抵达某一个点,或者如果因为存在对撞的危险而不能以PTP 运动方式抵达某些点的时候,将采用线性运动。

线性移动时,工具尖端从起点到目标点做直线运动,因为两点确定一条直线,所以只要给出目标点就可以。此时,只有工具的尖端精确地沿着定义的轨迹运行,而工具本身的取向则在移动过程中发生变化,此变化与程序设定的取向有关。如图 3-5 所示,机器人工具 TCP 从P1 点移动到 P2 点做直线运动,从 P2 点移动到 P3 点也做直线运动。

2) 创建线性运动(SLIN)的操作方法

机器人在进行 SLIN 运动示教编程之前,需要确保机器人处于 T1 运行模式下,并且机器人程序已选定,创建 SLIN 运动的操作步骤如下:

① 将机器人的工具 TCP 移向应被设为目标点的位置;

② 将机器人光标定位在需要添加程序的空行处;

③ 单击"指令"按钮,在出现的下拉列表中选择"动作",选择指令"SLIN",此时,出现

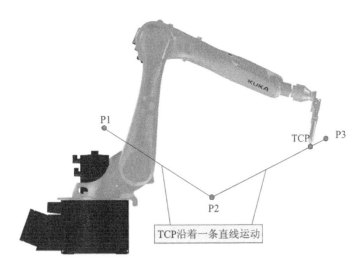

图3-5　SLIN运动示意图

SLIN运动联机表单(见图3-6),在联机表单中输入相应的程序信息(联机表单各参数说明见表3-4)。

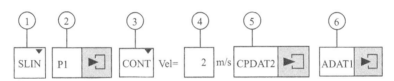

图3-6　SLIN联机表单

表3-4　SLIN联机表单参数说明

序　号	参数说明
①	机器人运动方式:SLIN-直线运动
②	• 目标点名称:由系统自动赋予,可以被改写; • 需要编辑点数据时可触摸箭头,相关选项窗口即自动打开
③	• CONT:目标点被轨迹逼近; • 空白:将精确的移至目标点
④	速度:机器人做直线运动时,运动速度为0.001~2 m/s
⑤	• 运动数据组的名称:由系统自动赋予,可以被改写; • 需要编辑点数据时请触摸箭头,相关选项窗口即自动打开
⑥	• 通过"切换参数"可显示和隐藏该选项; • 含逻辑参数的数据组名称:由系统自动赋予,可以被改写; • 需要编辑数据时可触摸箭头,相关选项即自动打开

　④ 单击目标点名称旁的箭头图标,打开坐标系设置窗口,如图3-7所示,坐标系选项窗口的说明见表3-5,输入工具和基坐标的相关数据,以及关于插补模式的数据和碰撞监控的相关数据。

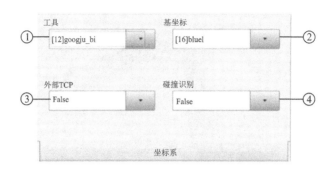

图 3 - 7　坐标系设置窗口

表 3 - 5　坐标系参数含义说明

序　号	参数说明
①	选择工具,如果外部 TCP 一栏显示 TRUE,则表示选择工件,工具坐标系最多可储存 16 个
②	选择基坐标系,如果外部 TCP 一栏显示 TRUE,则表示选择固定工具,基坐标系最多可储存 32 个
③	插补模式 • FALSE:表示该工具已安装在连接法兰处; • TRUE:表示该工具为一个固定工具
④	碰撞识别 • TRUE:表示机器人控制系统为此计算轴的扭矩,此值用于碰撞识别; • FALSE:表示机器人控制系统为此不计算轴的扭矩,因此对此运动无法进行碰撞识别

⑤ 单击 CPDAT2 旁的箭头图标,进入移动参数设置窗口,如图 3 - 8 所示,各参数含义见表 3 - 6。此窗口中可以设置加速度和传动装置加速度变化率;另外,如果已经激活轨迹逼近(即选择 CONT),也可更改轨迹逼近距离,机器人的方向导引也可在此窗口中进行设置。

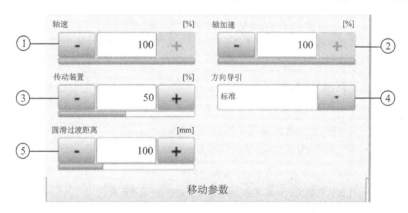

图 3 - 8　移动参数设置窗口

表 3 - 6 移动参数含义说明

序 号	参数说明
①	轴速:数值以机床数据中给出的最大值为基准,范围为 1%～100%
②	轴加速度:数值以机床数据中给出的最大值为基准,范围为 1%～100%
③	• 传动装置加速度变化率:加速度变化率是指速度的变化量; • 数值以机床数据中给出的最大值为基准,范围为 1%～100%
④	选择姿态导引:标准;手动 PTP;恒定的方向导引
⑤	• 只有在联机表单中选择了 CONT 之后,此栏才显示 • 目标点之前的距离,最早在此处开始逼近,此距离最大可为起始点至目标点距离的一半,如果在此处输入了一个更大数值,则此值将被忽略而采用最大值

⑥ 各个选项设置完成后,单击"指令 OK"按钮,程序创建完成,TCP 的当前位置被当作目标点进行示教。

(3) 圆周运动(CIRC)

1) 圆周运动的定义

圆周运动是指机器人沿圆形轨道以定义的速度将 TCP 移动至目标点,如图 3 - 9 所示。圆形轨道是通过起点、辅助点和目标点定义的。上一条指令以精确定位方式抵达的目标点可以作为起始点,辅助点是指圆周所经历的中间点,对于辅助点来说,只是坐标 X、Y 和 Z 起决定作用。起始点、辅助点和终点在空间的一个平面上,为了使控制部分能够尽可能准确地确定这个平面,上述三个点相互之间离得越远越好。在移动过程中,工具尖端取向的变化顺应于持续的移动轨迹。

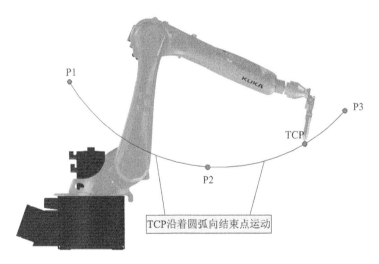

图 3 - 9 圆周运动示意图

2) 创建圆周运动(SCIRC)的操作方法

创建圆周运动之前,同样需要确保机器人处于 T1 运行模式下。创建 SCIRC 运动的步骤如下:

① 将光标定位在需要添加程序的空白行处;

② 单击"指令"按钮,在其下拉列表中单击"运动",选择指令 SCIRC,出现如图 3-10 所示的联机表单。

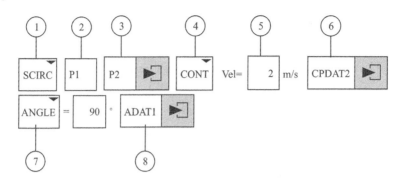

图 3-10　SCIRC 联机表单

③ 在联机表单中输入各项参数,其含义见表 3-7。

表 3-7　SCIRC 联机表单各项参数含义

序　号	参数说明
①	机器人运动方式:SCIRC—圆弧运动
②	辅助点名称:由系统自动赋予,可以改写
③	目标点名称:由系统自动赋予,可以改写
④	• CONT:表示目标点被轨迹接近 • 空白:表示精确移动到目标点
⑤	速度:机器人速度范围为 0.001—2 m/s
⑥	• 运动数据组名称:由系统自动赋予,可以改写; • 需要编辑点数据时可触摸箭头,相关选项窗口即自动打开
⑦	• 圆心角:表示机器人在执行圆弧运动时所转过的角度,范围为 −9999°~+99999°; • 如果输入的圆心角<−400°或>+400°,则在保存联机表单时,系统会自动询问是否要确认或取消输入
⑧	• 通过切换参数可显示或隐藏该栏; • 含逻辑参数的数据组名称:由系统自动赋予,可以被改写; • 需要编辑数据时应触摸箭头,相关选项即自动打开

④ 触摸目标点名称处的箭头,打开坐标系设置窗口,如图 3-7 所示。在设置窗口中输入工具和基坐标系的相关数据,以及插补模式和碰撞监控的数据。

⑤ 单击数据组旁的箭头,打开参数选项窗口,如图 3-11 所示,在运动参数选项窗口中可设置加速度和传动装置加速度变化率,如果已经激活轨迹逼近,也可以更改轨迹逼近的距离,另外,还可以设置圆周运动的方向导引。窗口中各个参数的含义如表 3-8 所列。

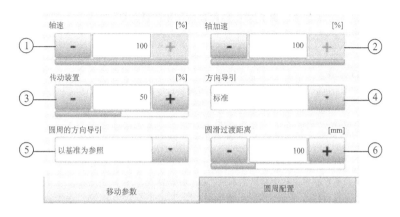

图 3 - 11　SCIRC 运动移动参数设置窗口

表 3 - 8　移动参数含义说明

序　号	参数说明
①	轴速:数值以机床数据中给出的最大值为准,范围为 1%～100%
②	轴加速度:数值以机床数据中给出的最大值为准,范围为 1%～100%
③	• 传动装置加速度变化率:加速度变化率是指加速度的变化量; • 数据以机床数据中给出的最大值为准,范围为 1%～100%
④	选择姿态导引:标准、手动 PTP、恒定的方向导引
⑤	选择姿态导引的参照系:以基准为参照、以轨迹为参照
⑥	• 只有在联机表单中选择了 CONT 之后,此栏才显示 • 目标点之前的距离,最早在此处开始逼近,此距离最大可为起始点至目标点距离的一半,如果在此处输入了一个更大数值,则此值将被忽略而采用最大值

⑥ 移动参数设置完后,单击参数选项窗口中的"圆周配置"选项卡,可设置辅助点的特性,此选项是在 SCIRC 运动中,为辅助点设置编程姿态而设定的,此特性仅在专家用户组以上级别可用,界面如图 3 - 12 所示。"圆周配置"选项卡中各个参数的含义如表 3 - 9 所列。

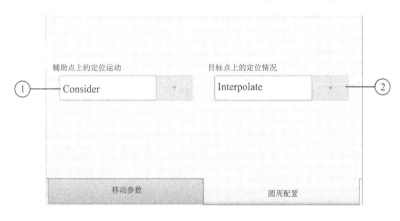

图 3 - 12　圆周配置设置窗口

表 3 - 9 圆周配置选项参数说明

序 号	参数说明
①	选择辅助点上的姿态特性,有 3 种: • Consider:机器人控制系统选择接近辅助点编程姿态的路径(此项为默认选项); • Interpolate:TCP 在辅助点上接受已编程的姿态; • Ignore:机器人控制系统忽略辅助点的编程姿态,TCP 的起始姿态以最短的距离过渡到目标姿态
②	• 只有在联机表格中选择了 ANGLE 之后,此栏才显示 • 选择目标点上的姿态特性,有 2 个选项: ➤ Extrapolate:姿态根据圆心角调整,如果圆心角延长运动,则编程目标点上接受已编程的姿态,继续相应调整姿态直至实际目标点,如果圆心角缩短运动,则不会达到已编程的姿态; ➤ Interpolate:在实际的目标点上接受目标点的编程姿态

⑦ 运动参数选项设置完成后,将机器人 TCP 移至要示教的圆弧辅助点,然后单击"辅助点坐标",保存辅助点坐标数据。

⑧ 将机器人 TCP 移至要示教的目标点,单击"目标点坐标",保存目标点数据。

⑨ 单击"指令 OK"按钮,完成指令程序。

(4) 样条运动(SPLIN)

样条运动是由高阶曲线拟合而成的,如图 3 - 13 所示。这种轨迹原则上也可以通过 LIN 运动和 CIRC 运动生成,但是相比较而言,样条运动更具有优势。样条运动是适用于复杂曲线轨迹的运动方式,机器人运动走出来的轨迹更接近实际曲线轨迹的要求。

(5) 创建已优化节拍时间的运动

在 KUKA 机器人中,创建已优化节拍时间的运动有 2 种,一种是点到点运动,另一种是运动的轨迹逼近。

1) SPTP 运动

SPTP 运动方式是耗时最短,也是最优化的移动方式。在

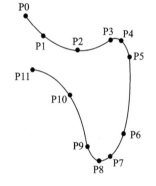

图 3 - 13 样条运动

KRL 程序中,机器人的第一个指令必须是 PTP 或 SPTP,因为机器人控制系统仅在 PTP 或 SPTP 运动时才会考虑编程设置的状态和转角方向值,以便定义一个唯一的起始位置。

2) 轨迹逼近

在 KUKA 机器人中,为了加速运动过程,控制器可以用 CONT 标示的运动指令进行轨迹逼近。轨迹逼近意味着将不精确移到点坐标,只是逼近点坐标,事先便离开精确保持轮廓的轨迹,TCP 被导引沿着轨迹逼近轮廓运行,该轮廓止于下一个运动指令的精确保持轮廓,如图 3 - 14 所示。

在 KUKA 机器人中,SLIN 运动和 SCIRC 运动均可进行轨迹逼近运动,轨迹逼近运动的曲线不是圆弧,而是相当于两条抛物线。图 3 - 15(a)所示为直线运动轨迹逼近,图 3 - 15(b)所示为圆弧与直线运动的轨迹逼近。

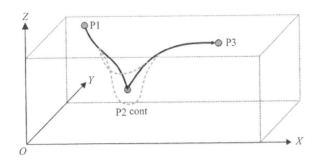

图 3 - 14 轨迹逼近运动

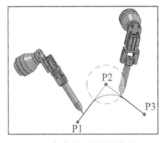

(a) 直线运动轨迹逼近

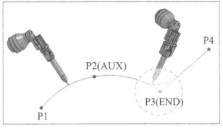

(b) 圆弧与直线运动轨迹逼近

图 3 - 15 轨迹逼近运动

2. 沿轨迹运动的姿态导引

机器人在运动过程中,工具 TCP 在运动的起点和目标点的方向可能不同,起始点方向可以以多种方式过渡到目标点,这种沿轨迹运动的姿态导引在 KUKA 机器人中可以通过移动参数设置窗口中进行设置。

(1) 在 SLIN 运动下的姿态导引

SLIN 运动下的姿态导引类型有 3 种,如表 3 - 10 所列。

表 3 - 10 SLIN 运动下的姿态导引

类 型	说 明	图 例
标 准	工具的方向在运动过程中不断变化	
手动 PTP	• 工具的方向在运动过程中不断变化,这是由手轴角度的线性转换(与轴相关的运行)造成的,但这种变化是不均匀的,所以当机器人需要精确地保持特定方向运行时,不宜使用; • 在机器人以标准方式到达手轴奇点时就可以使用手动 PTP 类型,因为是通过手轴角度的线性轨迹逼近(按轴坐标的移动)进行姿态变化	

类　型	说　明	图　例
恒　定	机器人以此种类型运动时,工具的姿态在运动期间保持不变,与在起点所示教的一样;对于目标点来说,已编程方向被忽略,而起点的已编程方向仍然保持	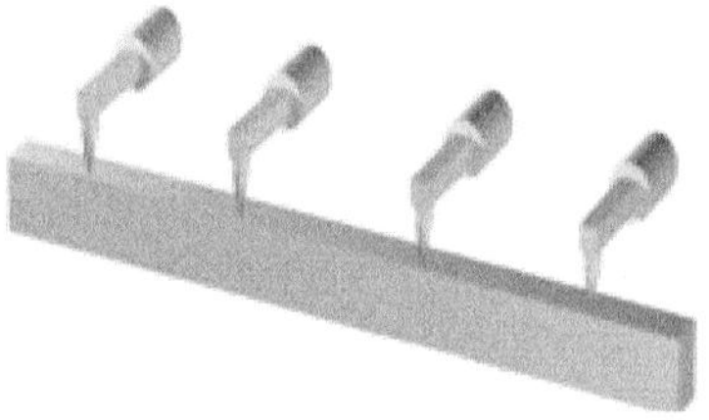

（2）在 SCIRC 运动下的姿态导引

机器人在 SCIRC 和 SLIN 运动方式下的姿态导引基本相同,同样有 3 种:标准、手动 PTP 和恒定。不同的是在 SCIRC 运动下有"以基准为参照"和"以轨迹为参照",具体如表 3-11 所列。

表 3-11　SCIRC 运动下的姿态导引

类　型	说　明	图　例
手动 PTP	工具的方向在运动过程中不断变化	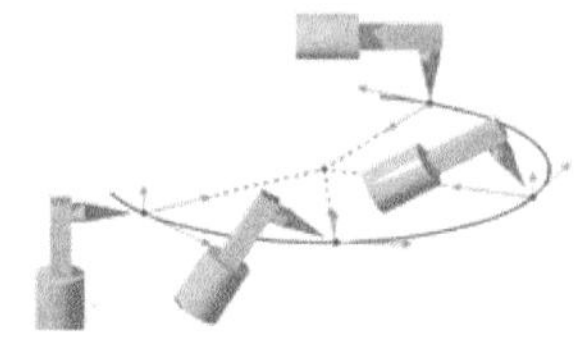
标　准	标准＋以基准为参照	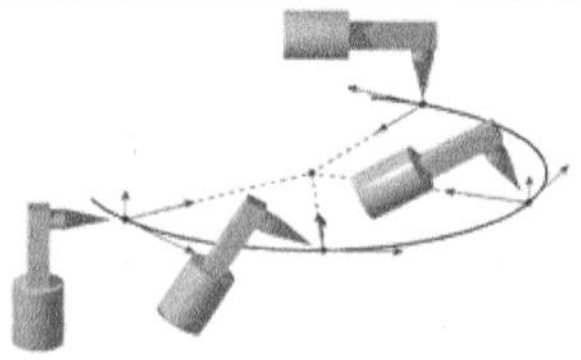
	标准＋以轨迹为参照	
恒　定	恒定＋以基准为参照	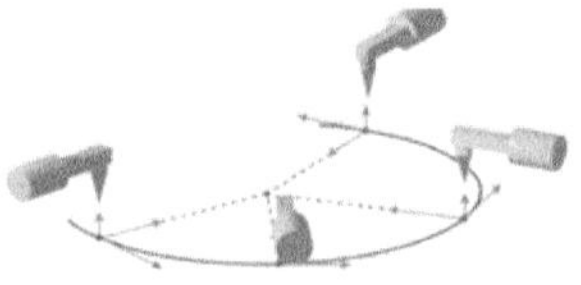
	恒定＋以轨迹为参照	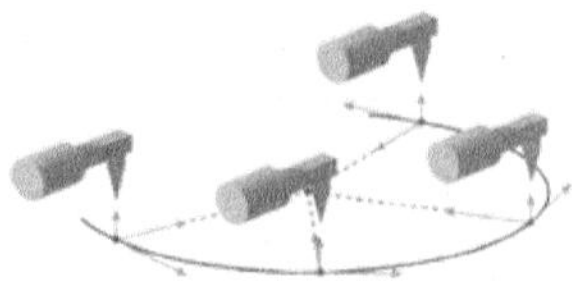

3. 机器人程序的执行

在 KUKA 机器人中,如果要执行一个机器人程序,必须事先将其选中,并以"选定"方式打开,机器人程序在导航器中的用户界面上供选择。

程序的执行可通过使能键及运行键来执行。但在执行之前,为了使当前机器人位置与机器人程序中的当前点位置保持一致,必须执行 BCO 运行,对于要执行的程序,有多种运行方式,如表 3 - 12 所列。

表 3 - 12 机器人的程序运行方式说明

序 号	图 标	含 义	说 明
1	🚶	GO	• 程序连续运行,直至程序结尾; • 在测试运行中,必须按住启动键
2	🚶	运动	• 在运动步进运行方式下,每个运动指令都单个执行; • 每一个运动结束后,都必须重新按下"启动"键
3	🚶	单个步骤	• 仅供用户"专家"组使用; • 在增量步进时,逐行执行; • 每行执行后,都必须重新按下"启动"键

程序的执行,在状态栏中用大写字母 R 表示,不同的颜色代表不同的含义,如表 3 - 13 所列。

表 3 - 13 机器人的程序状态说明

颜 色	说 明
灰 色	未选定程序
黄 色	语句指针位于所选程序的首行
绿 色	已选定程序,而且程序正在运行
红 色	选定并启动的程序被暂停
黑 色	语句指针位于所选程序的末端

【任务实施】

通过示教法编辑简单几何轨迹路线的程序,包括有矩形、三角形、圆形和曲线轨迹编程,从而熟悉并掌握示教编程的步骤及方法。

1. 矩形轨迹示教编程

矩形轨迹如图 3 - 16 所示,轨迹示教点为 P1、P2、P3、P4、P5,轨迹运动的规划是,先从初始位置运动到安全点 P1,然后依次是 P2、P3、P4、P5、P2点,完成矩形轨迹的运行后,回到 P1 点,最后回到初始位置。矩形轨迹示教编程的具体操作步骤如表 3 - 14 所列。

矩形轨迹示教编程

图 3 - 16　矩形轨迹示意图

表 3 - 14　矩形轨迹示教编程操作步骤

序　号	操作步骤	图片说明
1	在机器人示教器下方单击"新"按钮，创建新的程序模块	
2	在弹出键盘输入程序模块的名称，然后单击回车完成新建	

序　号	操作步骤	图片说明
3	单击下方的"打开"按钮，进入程序编辑器	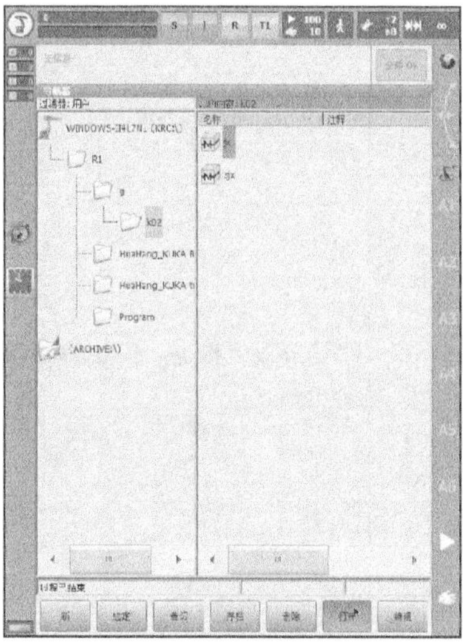
4	手动操作机器人，将 TCP 移至矩形轮廓轨迹上方作为安全点 P1	
5	在程序编辑界面将光标置于 HOME 程序行	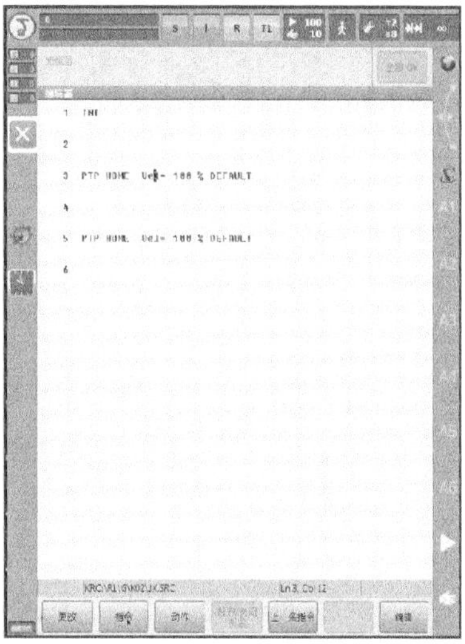

序　号	操作步骤	图片说明
6	单击下方"指令"按钮,选择添加运动指令 SPTP	
7	单击指令联机表单中名称旁的箭头图标,进入坐标系选择窗口,来设置坐标系	

序　号	操作步骤	图片说明
8	坐标系自动沿用上次的设置,不做更改,直接关闭设置窗口。单击"指令 OK",在弹出的对话框中单击"是"	
9	指令添加完成	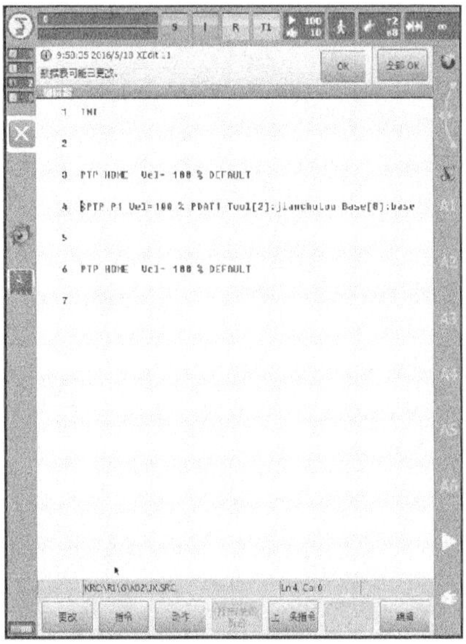

序　号	操作步骤	图片说明
10	手动操作机器人,将 TCP 移至矩形轮廓轨迹的第一个点 P2	
11	在示教器单击"指令"按钮,选择添加运动到 P2 点的指令 SPTP	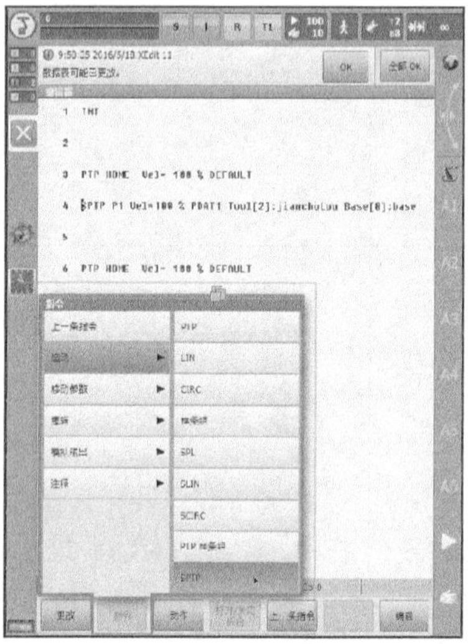
12	指令行中的各选项设为默认值即可,然后单击"指令 OK",完成指令的添加	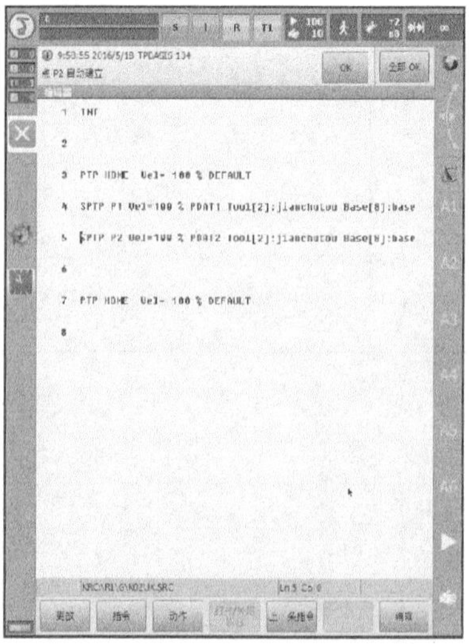

序　号	操作步骤	图片说明
13	手动操作机器人,将其 TCP 移动至矩形轮廓轨迹的第二点 P3	
14	在示教器下方单击"指令"按钮,选择添加运动到 P3 点的指令 SLIN	
15	单击"指令 OK",完成指令的添加	

序　号	操作步骤	图片说明
16	手动操作机器人,将其 TCP 移动至矩形轮廓轨迹的第三点 P4	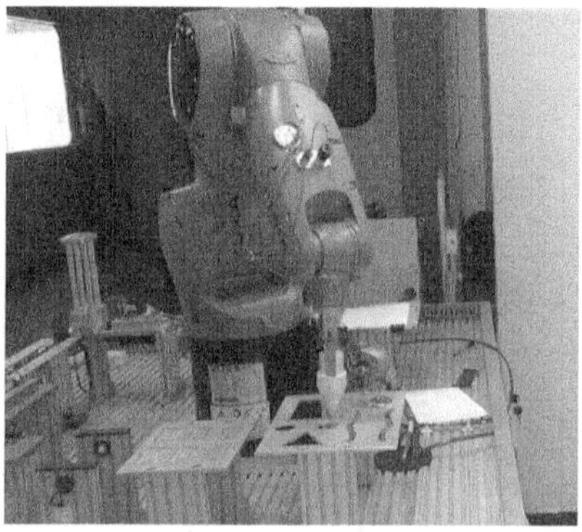
17	在示教器下方单击"指令"按钮,选择添加运动到 P4 点的指令 SLIN	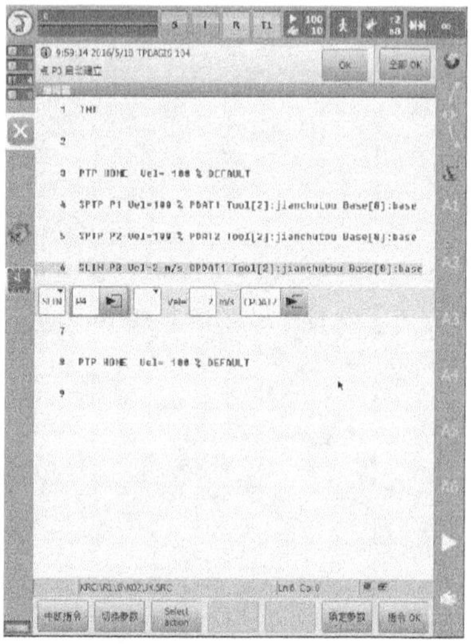
18	单击"指令 OK",完成指令的添加	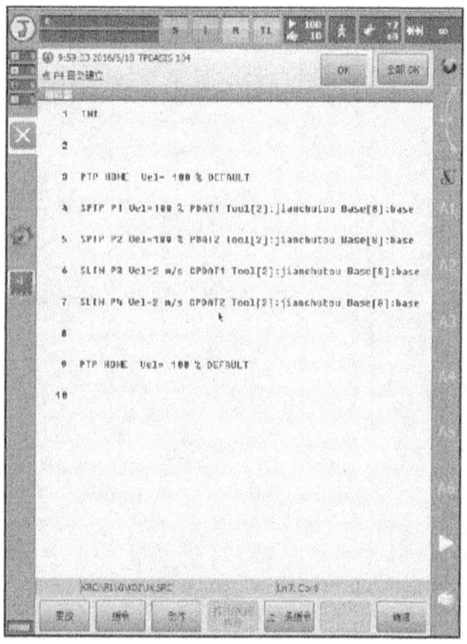

序　号	操作步骤	图片说明
19	手动操作机器人,将其 TCP 移动至矩形轮廓轨迹的第四点 P5	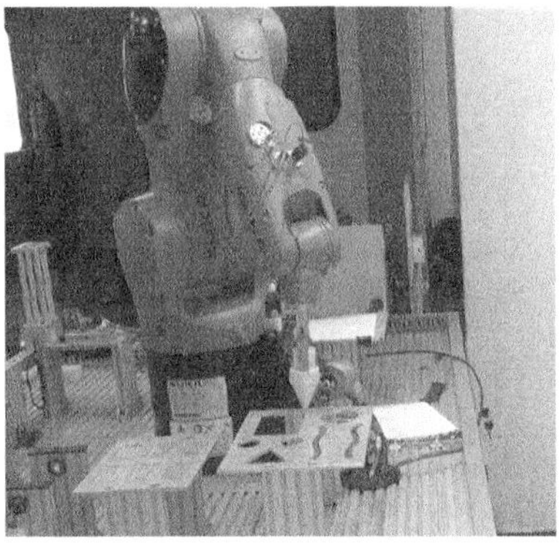
20	在示教器下方单击"指令"按钮,选择添加运动到 P5 点的指令 SLIN	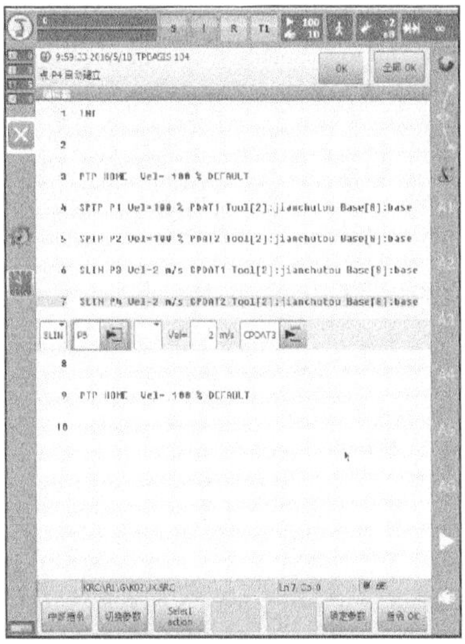
21	单击"指令 OK",完成指令的添加	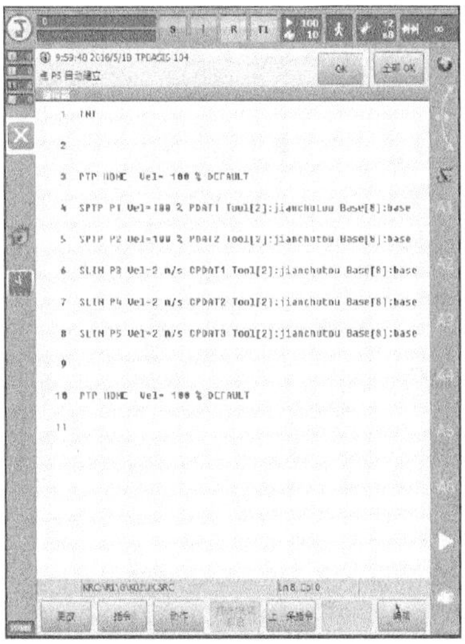

序　号	操作步骤	图片说明
22	单击主菜单按钮,选择"配置"→"用户组"选项	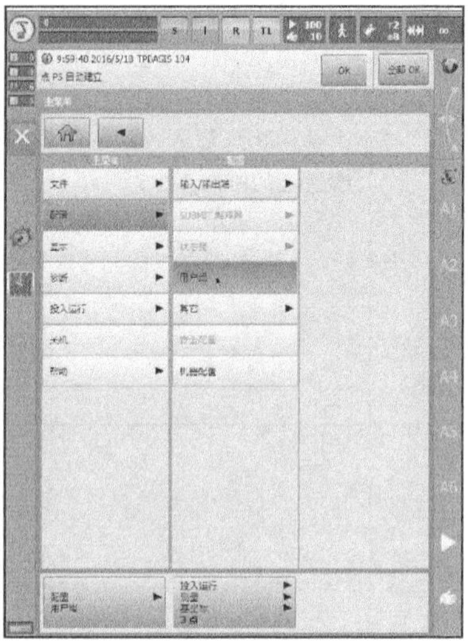
23	选择 Expert 专家模式,输入密码 KUKA,然后单击"登录"进入专家界面	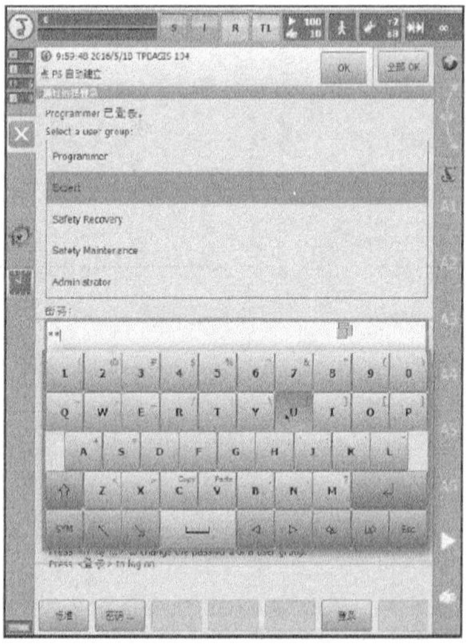

序　号	操作步骤	图片说明
24	在专家界面,将光标置于 P2 点程序行,单击下方"编辑"按钮,选择"复制"选项	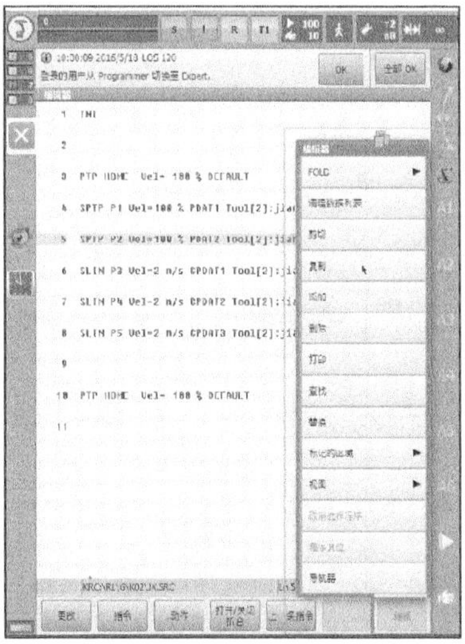
25	将光标置于 P5 点程序行,单击下方"编辑"按钮,选择"添加"选项	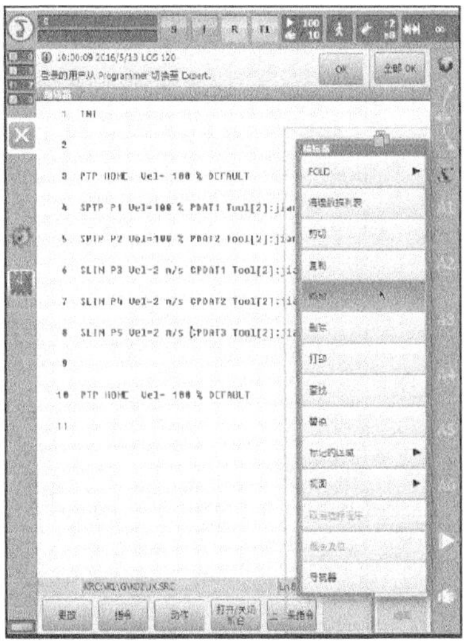

序　号	操作步骤	图片说明
26	完成复制 P2 点指令行，顺延成为 P6 点	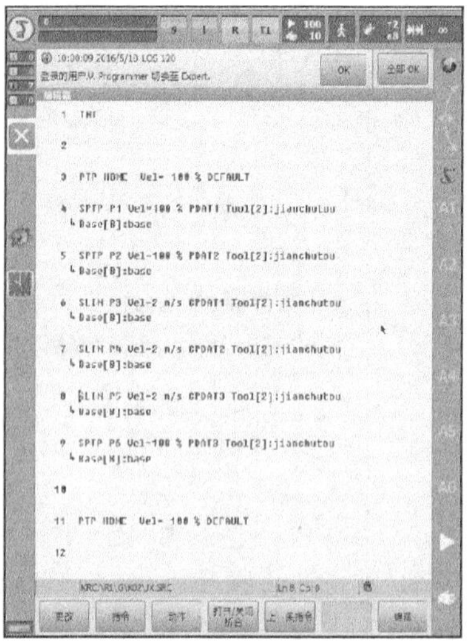
27	将光标置于 P1 点指令行，单击下方"编辑"按钮，选择"复制"选项	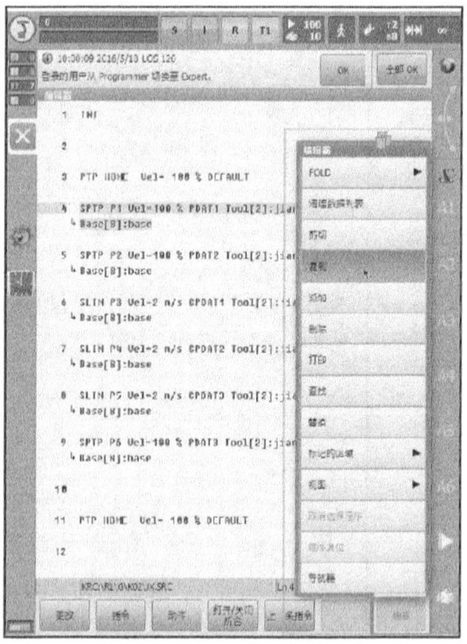

序　号	操作步骤	图片说明
28	将光标置于 P6 点程序行,单击下方"编辑"按钮,选择"添加"选项	
29	完成复制 P1 安全点指令行,顺延成为 P7 点,至此程序编辑完成	

序 号	操作步骤	图片说明
30	关闭窗口,程序自动保存,然后单击选定按钮,进入程序,按住使能键后,按下启动键,执行 BCO 后运行程序	

2. 三角形轨迹示教编程

三角形轨迹示教编程与矩形轨迹示教编程的步骤是相同的。三角形轨迹如图 3 - 17 所示,机器人的轨迹规划是先从初始位置运行到轨迹点上方安全点 P1,再依次到运行 P2、P3、P4 点,完成三角形轨迹的运行,然后回到轨迹点上方安全点,最后回到初始位置。三角形轨迹示教编程的具体操作步骤如表 3 - 15 所列。

三角形轨迹示教编程

图 3 - 17 三角形轨迹示意图

表 3 - 15　三角形轨迹示教编程步骤

序　号	操作步骤	图片说明
1	在示教器界面下方单击"新"按钮,创建新的程序模块,弹出键盘输入程序模块的名称	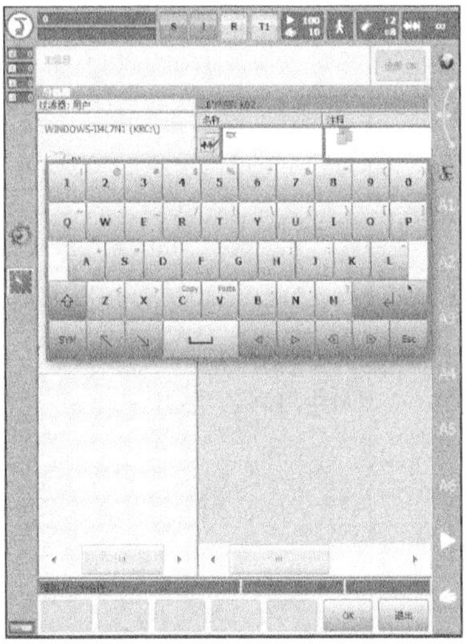
2	输入名称后单击回车,确定新建模块,然后单击"打开"按钮,进入程序编辑器	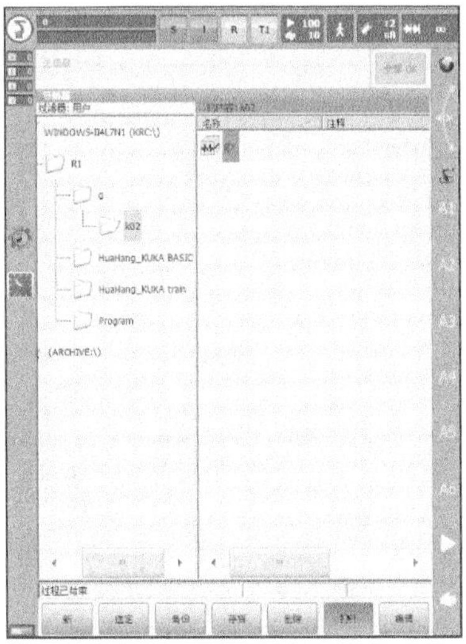
3	手动操作机器人,将其 TCP 移至三角形轮廓轨迹的上方作为安全点	

序　号	操作步骤	图片说明
4	在程序编辑界面将光标置于 HOME 程序行,单击下方"指令"按钮,选择运动选项,然后添加指令 SPTP	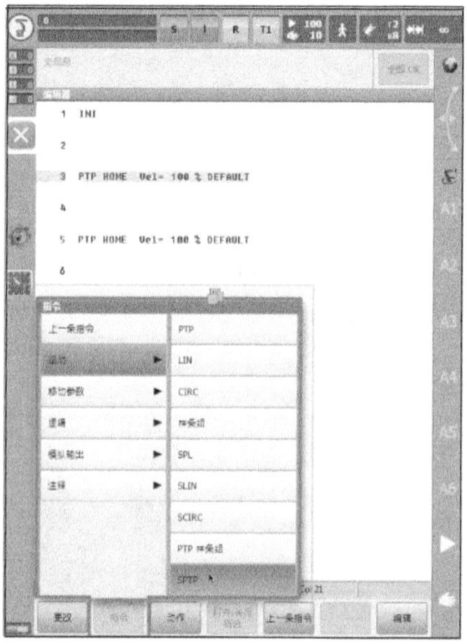
5	单击指令联机表单中名称旁的箭头图标,进入坐标系选择窗口,来设置坐标系	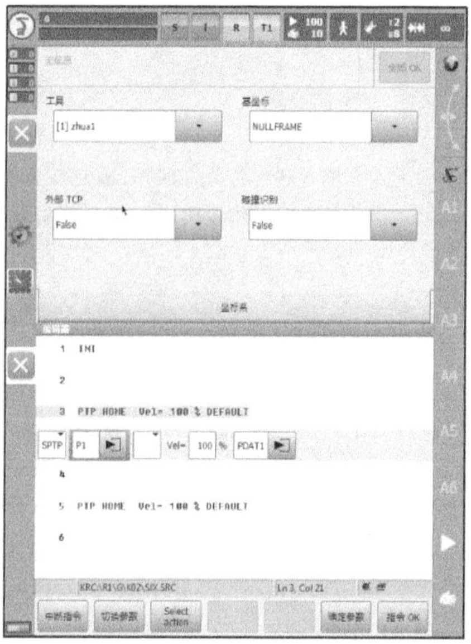

序　号	操作步骤	图片说明
6	单击基坐标系的倒三角下拉菜单,选择编号8作为基坐标系	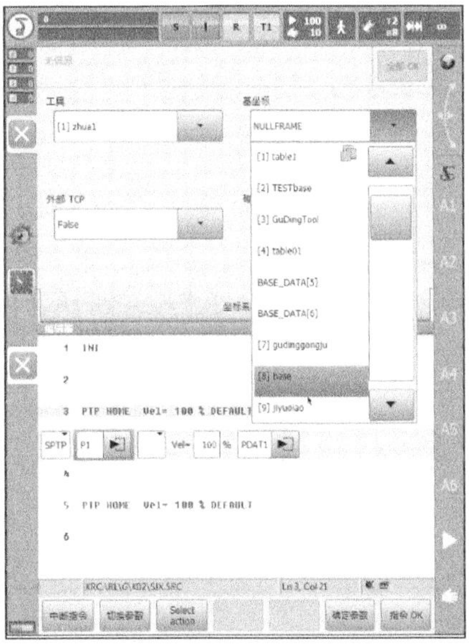
7	同样单击工具坐标系的下拉菜单,选择编号2作为工具坐标系	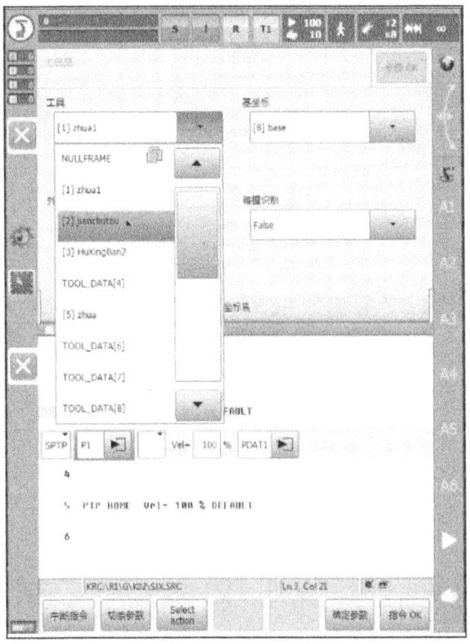

序　号	操作步骤	图片说明
8	设置完成后关闭窗口,然后单击"指令 OK"按钮,在弹出的对话框中单击"是"	
9	安全点 P1 的指令添加完成	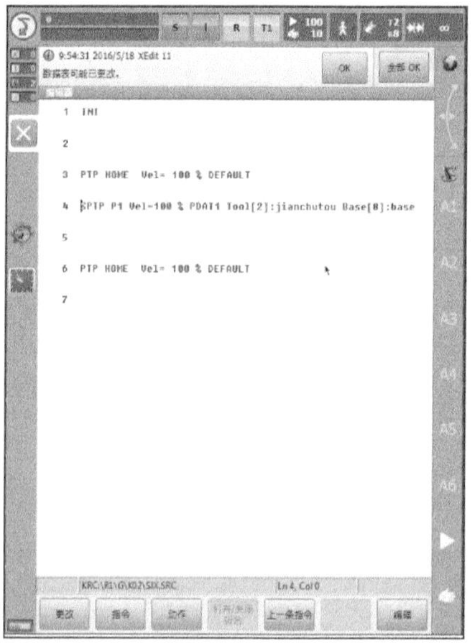

序　号	操作步骤	图片说明
10	手动操作机器人,将 TCP 移至三角形轮廓轨迹的第一个点 P2,注意靠近轨迹点时降低机器人的手动倍率,以免发生碰撞	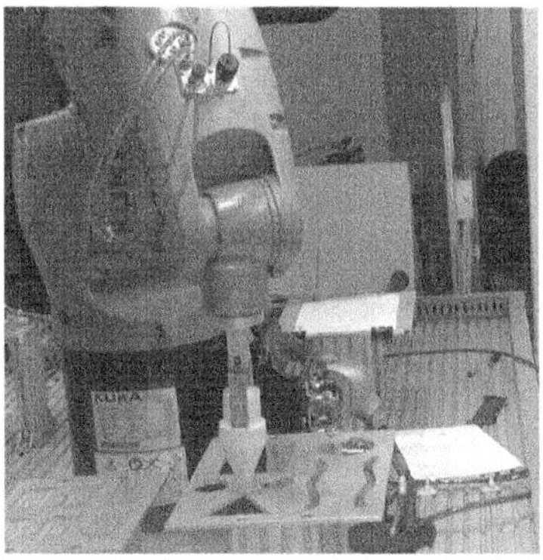
11	在示教器上单击"指令"按钮,选择添加 SPTP 指令,使机器人运动到 P2 点	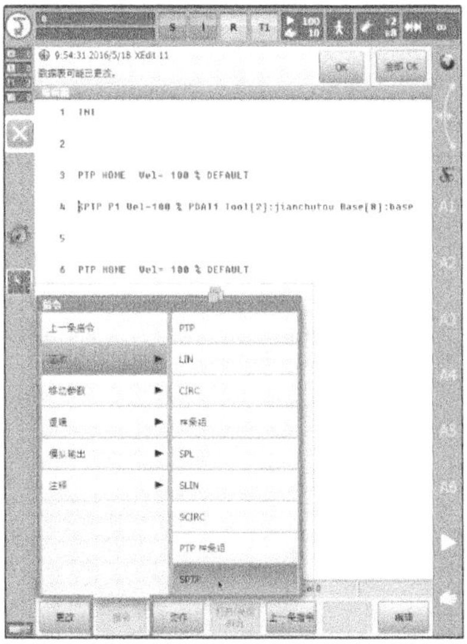
12	对指令联机表单不做更改,工具坐标系和基坐标系沿用上次的设置,直接单击"指令 OK"按钮,完成指令的添加	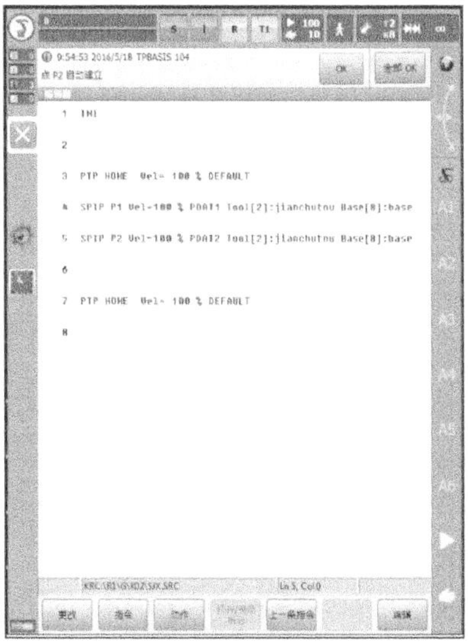

序　号	操作步骤	图片说明
13	手动操作机器人,将 TCP 移至三角形轮廓轨迹的第二个点 P3	
14	在示教器上单击"指令"按钮,选择添加运动指令 SLIN,使机器人从 P2 点运动到 P3 点	
15	指令联机表单不做更改,默认即可,然后单击"指令 OK"按钮,完成指令添加	

序　号	操作步骤	图片说明
16	指令添加完成	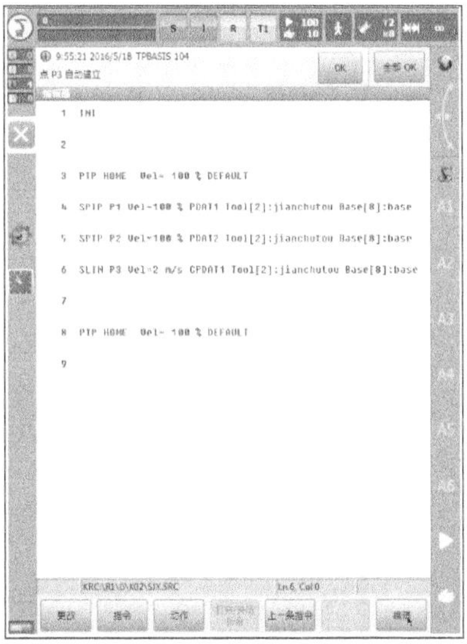
17	手动操作机器人,将 TCP 移至三角形轮廓轨迹的第三个点 P4	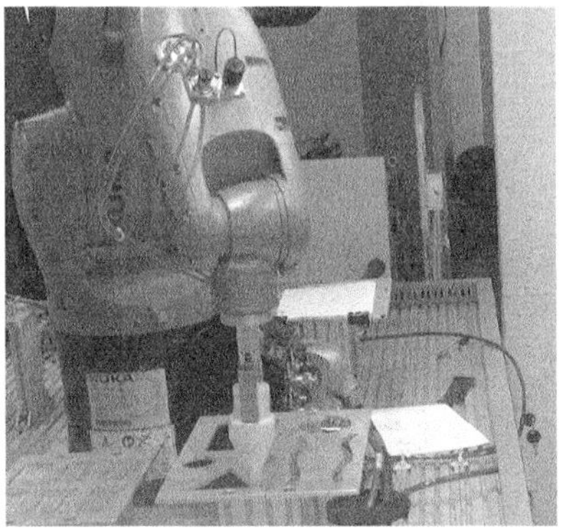
18	在示教器上单击"指令"按钮,选择添加运动指令 SLIN,使机器人从 P3 点运动到 P4 点	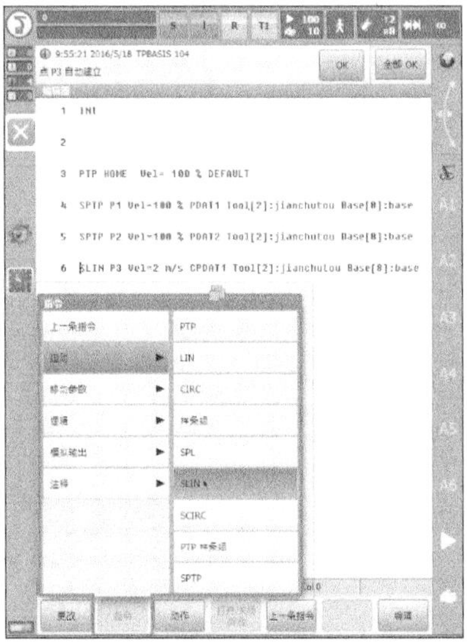

序　号	操作步骤	图片说明
19	不做更改直接单击"指令 OK"，完成指令添加	
20	接下来需要运动 P2 点，不用示教，采用复制程序的方法来完成，先单击主菜单按钮，选择选择"配置"→"用户组"选项	

序　号	操作步骤	图片说明
21	选中 Expert 专家模式,弹出键盘,输入登录密码 KUKA,单击"登录"或者间隔时间自行登录	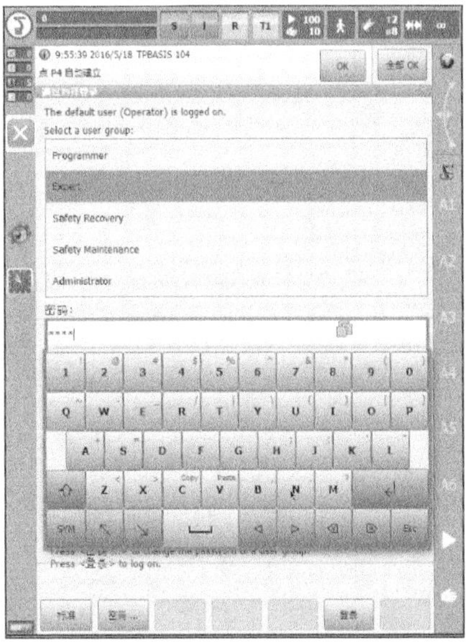
22	进入专家模式后,将光标定位在 P2 点指令行,单击"编辑"按钮,选择"复制"选项	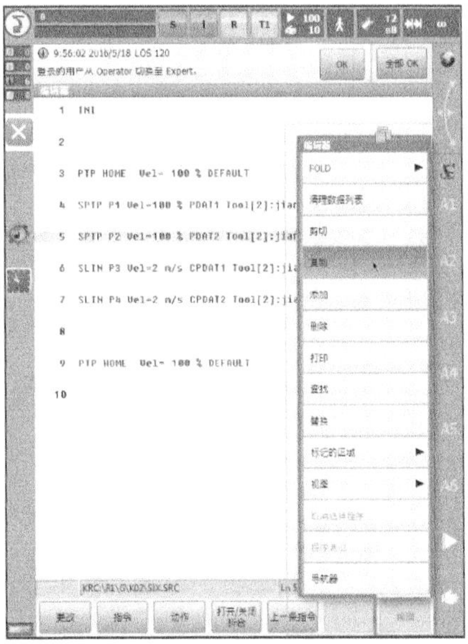

序　号	操作步骤	图片说明
23	将光标置于待粘贴行的上一行,即 P4 点指令行,然后单击"编辑"按钮,选择"添加"选项	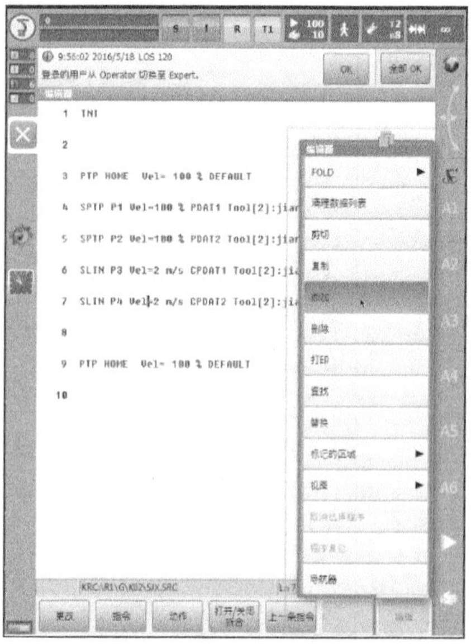
24	指令行复制完成,顺延成 P5 点	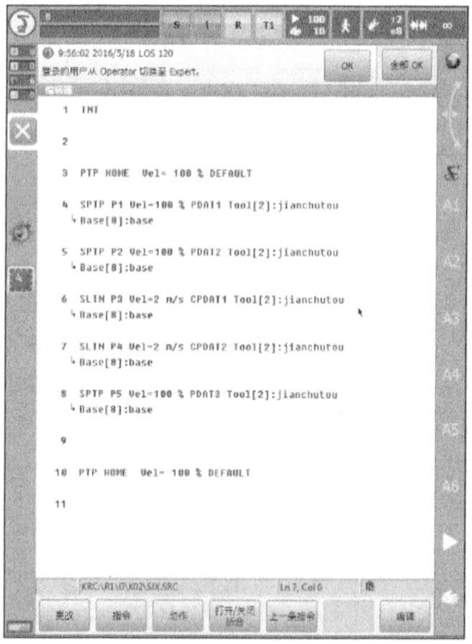

序 号	操作步骤	图片说明
25	将光标置于 P1 点程序行,单击"编辑"按钮,选择"复制"选项,复制 P1 点指令行	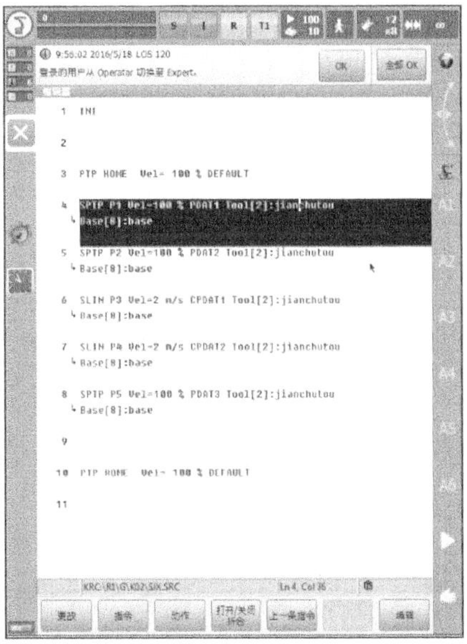
26	将光标置于 P5 点程序行,单击"编辑"按钮,选择"添加"选项,顺延成 P6 点,完成了安全点指令行的复制添加	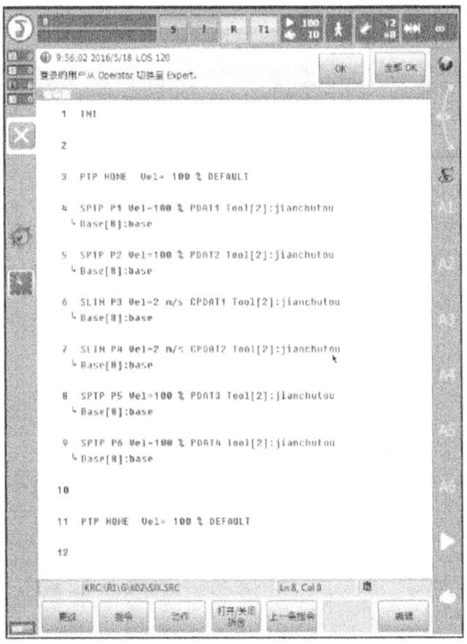

序　号	操作步骤	图片说明
27	至此，三角形轨迹程序编辑完成，关闭界面，程序自动保存，然后单击"选定"按钮，进入程序，按住使能键后，按下启动键，执行 BCO 后运行程序	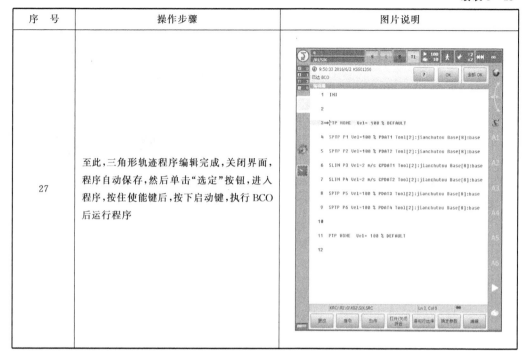

3. 曲线轨迹示教编程

如图 3－18 所示，曲线轨迹示教点依次为 P2、P3、P4、P5、P6、P7、P8。它由三段圆弧组成，机器人会从初始位置，运行到轨迹的上方安全点 P1，然后运行曲线轨迹，再运行到 P8 点上方的安全点 P9，最后回到初始位置，结束曲线轨迹的运行。曲线轨迹示教编程的具体操作步骤如表 3－16 所列。

曲线轨迹示教编程

图 3－18　曲线轨迹

表 3 - 16　曲线轨迹示教编程具体操作步骤

序　号	操作步骤	图片说明
1	在示教器界面下方单击"新"按钮,创建新的程序模块,在弹出键盘输入程序模块的名称,注意程序模块名称只能以英文开头,单击回车,完成创建	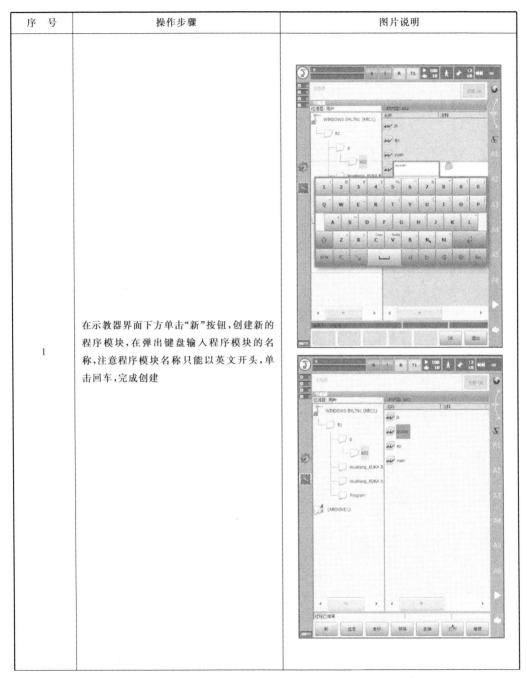

序 号	操作步骤	图片说明
2	在示教器下方单击"打开",进入程序编辑器。	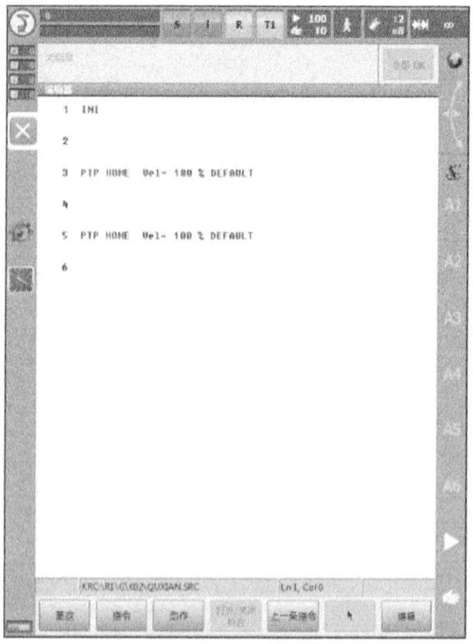
3	手动操作机器人,将其 TCP 移动到曲线轨迹上方,作为安全点 P1	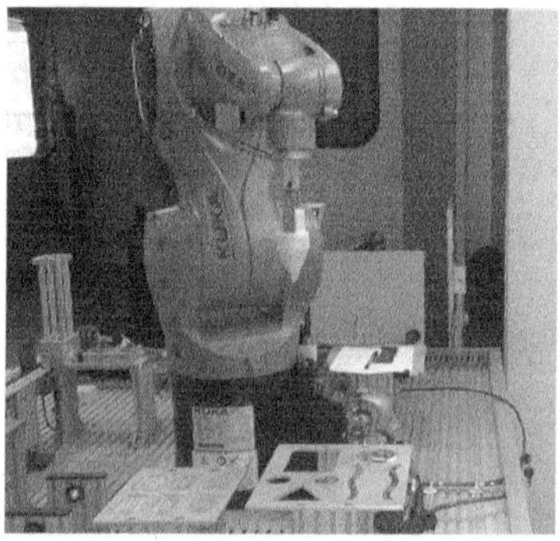
4	在程序编辑界面将光标置于 HOME 程序行,单击下方"指令"按钮,选择"运动"选项,然后添加指令 SPTP	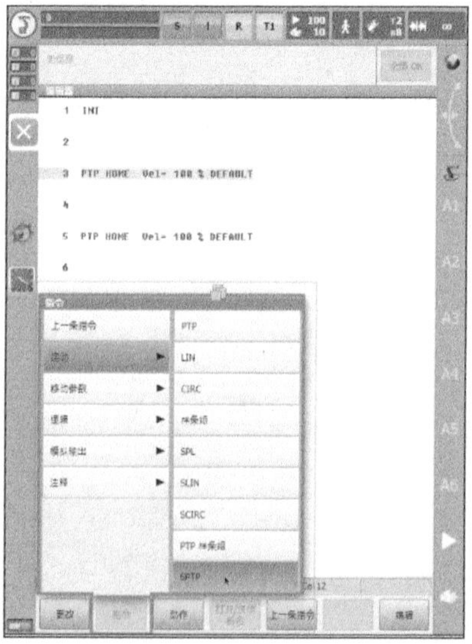

序　号	操作步骤	图片说明
5	单击指令联机表单中名称旁的箭头图标,进入坐标系选择窗口,可以设置工具坐标系和基坐标系,其他选项默认即可	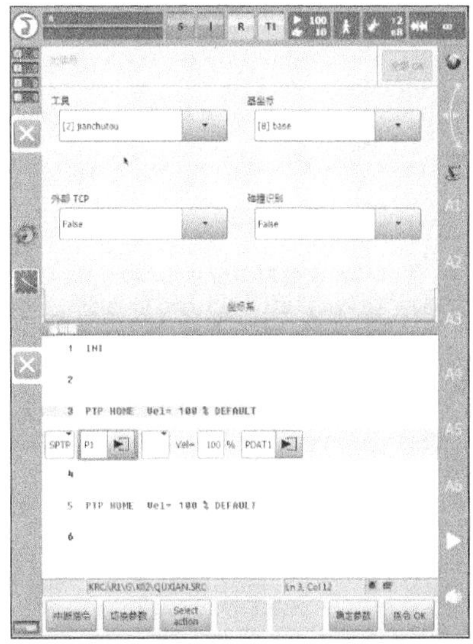
6	设置后关闭窗口,单击下方"指令 OK"按钮,并单击"是"完成指令添加	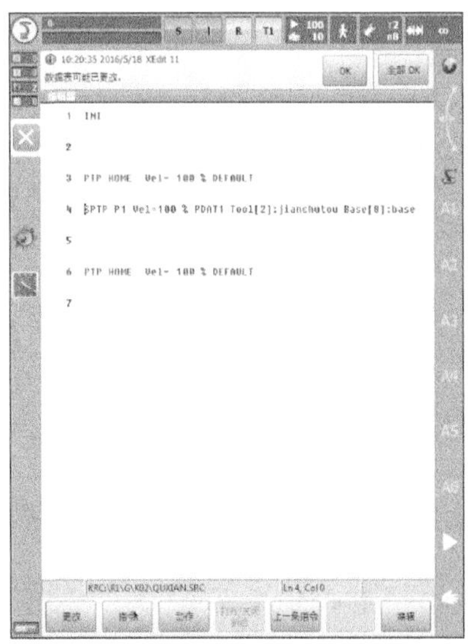
7	手动操作机器人,将 TCP 移动到曲线轨迹轮廓的第一点 P2	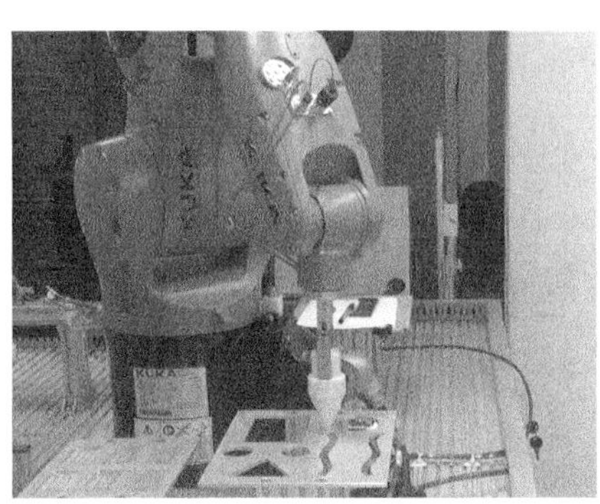

107

续表 3-16

序　号	操作步骤	图片说明
8	在示教器下方单击"指令"按钮,选择运动指令 SPTP,使机器人运动到 P2 点,直接单击"指令 OK",确定添加指令	
9	手动操作机器人移动到曲线轨迹第一段圆弧的过渡点 P3	
10	在示教器上单击"指令"按钮,选择运动指令 SCIRC	

续表 3－16

序 号	操作步骤	图片说明
11	指令联机表单上圆心角设置选项处设为空白,光标定位在 P3 点,然后单击辅助点坐标按钮,弹出对话框,单击"是",确定采用 P3 点位置为圆弧过渡点	
12	操作机器人移动到曲线轨迹第一段圆弧的目标点 P4	
13	在示教器中将光标置于 SCIRC 指令联机表单中 P4 位置,单击下方"目标点坐标"按钮,弹出对话框,单击"是",确定采用 P4 点位置为圆弧目标点	

序　号	操作步骤	图片说明
14	单击下方"指令 OK"按钮，完成指令的添加	
15	手动操作机器人将 TCP 移动到曲线轨迹第二段圆弧的过渡点 P5	
16	在示教器上单击"指令"按钮，选择添加 SCIRC 运动指令，然后将光标置于 P5 点位置，单击下方"辅助点坐标"按钮，再单击"是"，确定采用 P5 点位置	

序　号	操作步骤	图片说明
17	移动机器人到曲线轨迹第二段圆弧的目标点 P6	
18	在示教器中将光标置于 P6 点位置，然后单击下方"目标点坐标"，弹出对话框，单击"是"，确定采用 P6 点位置	
19	单击下方"指令 OK"按钮，完成第二段圆弧指令的添加	

序　号	操作步骤	图片说明
20	手动操作机器人将 TCP 移动到第三段圆弧过渡点 P7	
21	在示教器上单击"指令"按钮,选择添加 SCIRC 运动指令,然后将光标置于 P7 点位置,再单击下方"辅助点坐标"按钮,单击"是",确定采用 P5 点位置	
22	移动机器人到曲线轨迹第三段圆弧的目标点 P8	

序　号	操作步骤	图片说明
23	在示教器中将光标置于 P7 点位置，然后单击下方"目标点坐标"，弹出对话框，单击"是"，确定采用 P8 点位置	
24	单击下方"指令 OK"按钮，完成第三段圆弧指令的添加	

序　号	操作步骤	图片说明
25	手动操作机器人移动到曲线轨迹最后一点的上方，作为返回时的安全点	
26	单击示教器下方"指令"按钮，选择添加 SPTP 运动指令，单击"指令 OK"，完成安全点 P9 的指令添加	
27	至此，曲线轨迹程序编辑完成，关闭界面，程序自动保存，重新单击"选定"按钮进入程序，按住使能键后按下启动键，执行 BCO 后运行程序	

续表 3 - 16

序 号	操作步骤	图片说明
27		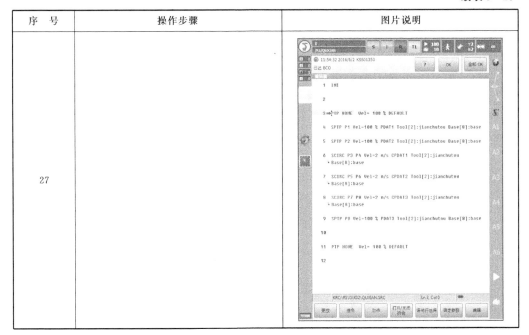

4. 圆形轨迹示教编程

多功能工作站中的轨迹路径模块中还提供了圆形轨迹。如图 3 - 19 所示,圆形轨迹示教点依次为 P2、P3、P4。在程序编辑时,先将机器人从初始位置运行到轨迹点的上方安全点 P1,然后运行圆形轨迹点,运行后再到安全点 P1,最后回到初始位置。

圆形轨迹示教编程

图 3 - 19 圆形轨迹

圆形轨迹示教编程的具体操作步骤如表 3 - 17 所列。

表 3 - 17   圆形轨迹示教编程具体操作步骤

序　号	操作步骤	图片说明
1	在示教器界面下方单击"新"按钮,创建新的程序模块,在弹出键盘输入程序模块的名称,这里命名为 yuan,单击回车,完成创建	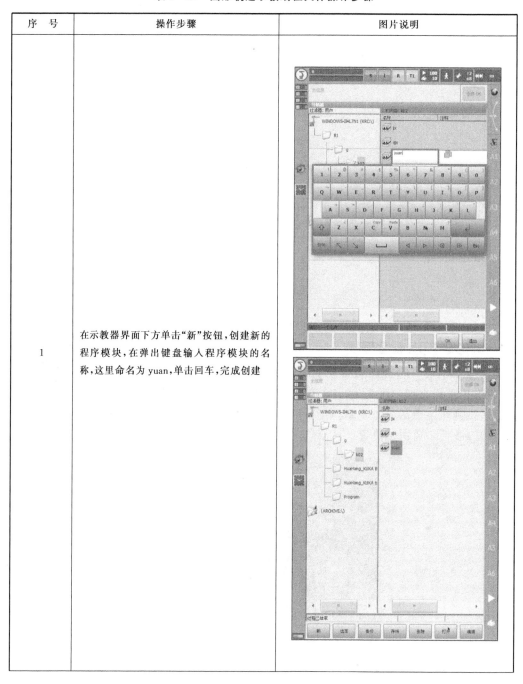

序 号	操作步骤	图片说明
2	在示教器下方单击"打开",进入程序编辑器	
3	手动操作机器人,将其 TCP 移动到圆形轨迹上方,作为安全点 P1	
4	在程序编辑界面将光标置于 HOME 程序行,单击下方"指令"按钮,选择"运动"选项,然后添加指令 SPTP	

序　号	操作步骤	图片说明
5	单击指令联机表单中名称旁的箭头图标,进入坐标系选择窗口,可以设置工具坐标系及基坐标系,这里不做更改,直接沿用上次设置,其他选项默认即可	
6	关闭窗口,然后单击下方"指令 OK"按钮,弹出对话框单击"是",完成指令添加	
7	手动操作机器人,将 TCP 移动到圆形轨迹轮廓的第一点 P2	

序　号	操作步骤	图片说明
8	在示教器下方单击"指令"按钮，选择运动指令 SPTP，使机器人运动到 P2 点，直接单击"指令 OK"，确定添加指令	
9	手动操作机器人移动到圆形轨迹的圆弧过渡点 P3	
10	在示教器上单击"指令"按钮，选择运动指令 SCIRC	

序　号	操作步骤	图片说明
11	将光标定位在指令联机表单上 P3 点位置，然后单击"辅助点坐标"按钮，弹出对话框，单击"是"，确定采用 P3 点位置为圆弧辅助点	
12	手动操作机器人将 TCP 移动到圆形轨迹圆弧的目标点 P4	
13	在示教器中将光标置于 SCIRC 指令联机表单中 P4 位置，单击下方"目标点坐标"按钮，弹出对话框，单击"是"，确定采用 P4 点位置为圆弧目标点	

序 号	操作步骤	图 片 说 明
14	点开联机表单后面的空白,选中 ANGLE 选项来设置圆心角	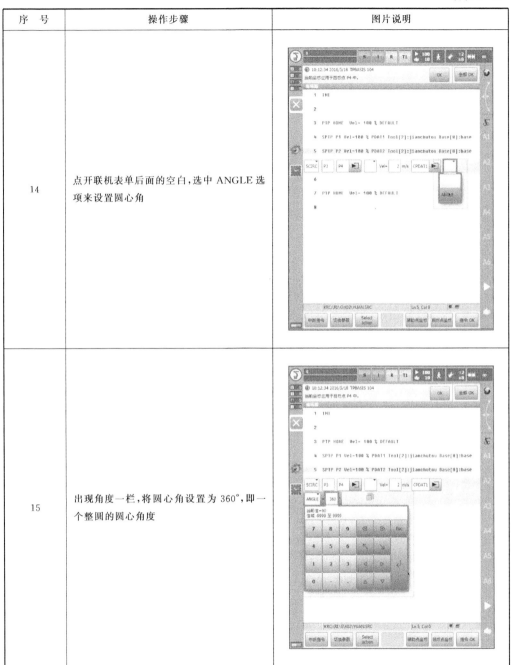
15	出现角度一栏,将圆心角设置为 360°,即一个整圆的圆心角度	

序　号	操作步骤	图片说明
16	单击下方"指令 OK"按钮，完成程序行的添加	
17	单击"主菜单"按钮，进入主界面，选择"配置"→"用户组"选项，进入用户组选项后选择 Expert 专家用户组，并输入密码 KUKA	

序 号	操作步骤	图片说明
17	然后单击主菜单按钮,进入主界面,选择选择配置—用户组选项,进入用户组选项中选择专家用户组,并输入密码"KUKA"	
18	进入专家模式后,将光标置于 P1 程序行,单击"编辑"选择"复制"选项	

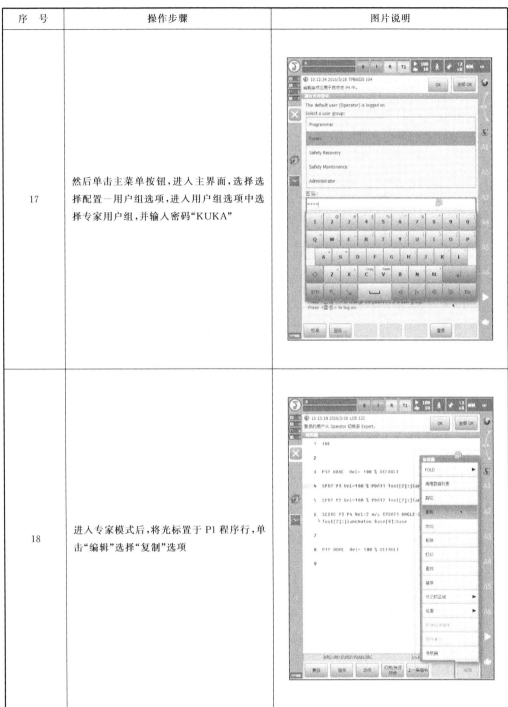

续表 3 - 17

序　号	操作步骤	图片说明
19	复制 P1 程序行,再将光标置于 SCIRC 程序行,单击"编辑"选择"添加"选项,将 P1 程序行添加在下面	
20	P1 程序行复制完成,自动顺延成为 P5	

续表 3 - 17

序　号	操作步骤	图片说明
21	至此,圆形轨迹程序编辑完成,关闭界面,程序自动保存,重新单击选定按钮进入程序,按住使能键后按下启动键,执行 BCO 后在 T1 运行方式下运行程序,查看轨迹	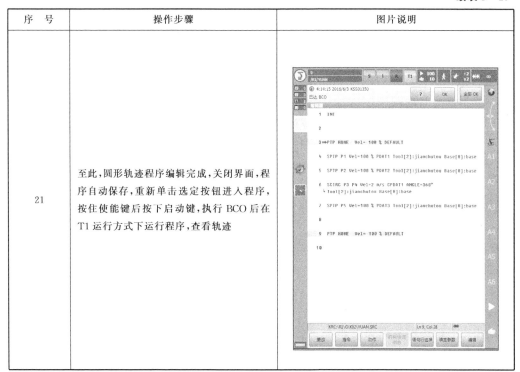

任务二　循环及逻辑编程的应用

【任务描述】

了解常用的条件无限循环的原理、条件判断、switch-case 分支编程的原理,编辑如下程序:无限循环三角形程序,当开关 3 打开时,机器人执行矩形程序,当开关 4 和开关 5 同时打开时执行圆形程序,当开关 6 打开时,跳出循环程序,否则一直执行。

【知识学习】

1. 简单数据的使用

(1) KRL 中的数据保存

1) 使用 KRL 以变量工作

使用 KRL 对机器人进行编程时,当在程序中使用数据,都会有相应的类型来处理这些数据,从最普通的意义上来说,变量就是在机器人进程的运行过程中出现的计算值(数值)的容器,也就是说变量是保存数据的容器,不同的数据的保存方式是不一样的,因此,变量是有类型的,这种类型称为数据类型。每个变量都属于一个专门的数据类型,每个变量都在计算机的存储器中有一个专门指定的地址,都有一个非 KUKA 关键词的名称,在使用前必须声明数据类型。在 KRL 中的变量有局部变量和全局变量之分。

① 全局变量——如果变量为全局变量,则随时都可以显示。在这种情况下,变量必须保

存在系统文件(例如 config. dat、machine. dat)中或者在局部数据列表中作为全局变量。

② 局部变量——局部变量可以分为程序文件(. src)中的局部变量或者局部数据列表(∗. dat)中的局部变量。如果变量是在.src 文件中定义的,则该变量仅在程序运行时存在,称为"运行时间变量"。如果变量是在.dat 文件中被定义为局部变量,并且仅在相关程序文件中已知,则其值在关闭程序后保持不变。

2) 变量的命名规范

在选择变量名称时,务必遵守以下规定:

① KRL 中的名称长度最多允许 24 个字符;

② KRL 中的名称允许包含字母 (A~Z)、数字 (0~9)以及特殊字符"_"和"$";

③ KRL 中的名称不允许以数字开头;

④ KRL 中的名称不允许为关键词;

⑤ KRL 中的名称不区分大小写。

建议使用可以让人一目了然的合理变量的名称,勿使用晦涩难懂的名称和缩写,并且使用合理的名称长度,不要每次都使用 24 个字符。

3) KRL 中的数据类型

KRL 中的数据类型有以下几种:

① 预定义的标准数据类型;

② 数组/Array;

③ 枚举类型;

④ 复合数据类型/结构。

4) 变量的生存期和有效性

KRL 中的生存期指的是为变量预留存储位置的时间,有效性通俗来讲指的是变量在某区域内有效,分为局部变量和全局变量。

局部声明的变量仅在其被声明的程序中可用并可见,而全局变量则建立在一个中央数据列表中,也可建立在一个局部数据列表中,声明时冠以关键词 global。

在 SRC 文件中创建的变量被称为运行时间变量,该变量特点如下:

① 不能被一直显示;

② 变量仅在声明的程序段中有效;

③ 变量在到达程序的最后一行(END 行)时重新释放存储位置。

局部 DAT 文件中的变量特点如下:

① 变量在相关 SRC 文件的程序运行时也可以一直被显示;

② 变量可在完整的 SRC 文件、局部的子程序中使用;

③ 变量可创建为全局变量;

④ 可重新调用 DAT 文件中所保存的变量值。

系统文件 $CONFIG. DAT 中的变量特点如下:

① 变量可在所有程序中调用;

② 当没有程序在运行时,变量始终可以被显示;

③ 可重新调用 $CONFIG. DAT 文件中所保存的变量值。

(2) 简单的数据类型

在 KRL 中,简单的数据类型有以下几种:

① BOOL:经典式"是"/"否"结果;

② REAL:实数,为了避免四舍五入出错的运算结果;

③ INT:整数,用于计数循环或件数计数器的经典计数变量;

④ CHAR:仅是一个字符,字符串或者文本只能作为 CHAR 数组来实现。

具体示例见表 3-18。

表 3-18　简单数据的类型

简单的数据类型	整　　数	实　　数	布尔数	单个字符
关键词	INT	REAL	BOOL	CHAR
数值范围	$-2^{31}\cdots(2^{31}-1)$	$\pm 1.1,10^{-38}$、$\pm 3.4,10^{+38}$	TRUE、FALSE	ASCII 字符集
示　　例	-199 或 56	-0.0000123 或 3.1415	TRUE 或 FALSE	A 或 Q 或 7

1) 变量的声明

在 KRL 中使用变量,必须先进行声明,每一个变量均划归一种数据类型,命名时要遵守命名规范。声明的关键词为 DECL,对四种简单数据类型关键词 DECL 可省略。用预进指针赋值。

变量声明可以不同形式进行:在 SRC 文件中声明、在局部 DAT 文件中声明、在 $CON-FIG. DAT 中声明、在局部 DAT 文件中配上关键词 PUBLIC 声明,从中得出相应变量的生存期和有效性。创建常量,常量要用关键词 CONST 建立,只允许在数据列表中建立。

2) 变量声明的原理

SRC 文件中的程序结构,在声明部分必须声明变量,初始化部分从第一个赋值开始,但通常都是从 INI 行开始,在指令部分会赋值或更改值。程序结构范例如下。

```
DEF main ()
;声明部分
…
;初始化部分
INI
…
PTP HOME Vel = 100 % DEFAULT
…
END
```

首先要更改标准界面,因为只有作为"专家"才能使 DEF 行显示,为了在使用某些模块时于 INI 行前进入声明部分,该过程是必要的。在将变量传递到子程序中时能够看到 DEF 和 END 行也是非常重要的。

变量声明中规定了生存期。

① 对于 SRC 文件,程序运行结束时运行时间变量"死亡"。

② 对于 DAT 文件,在程序运行结束后变量还保持着。

变量声明也要规定有效性/可用性。

① 在局部 SRC 文件中,仅在程序中被声明的地方可用,因此变量仅在局部 DEF 和 END 行之间可用(主程序或局部子程序)。

② 在局部 DAT 文件中,在整个程序中有效,即在所有的局部子程序中也有效。

③ 对于 $CONFIG. DAT,全局可用,即在所有程序中都可以读写。

④ 在局部 DAT 文件中作为全局变量,全局可用,只要为 DAT 文件指定关键词 PUBLIC,并在声明时再另外指定关键词 GOLBAL,就在所有程序中都可以读写。

变量声明还需要规定数据类型,命名和声明时,使用 DECL,以使程序便于阅读,并且使用可让人一目了然的合理变量名称。

2. 机器人程序的流程控制编程

在机器人程序编程中,除了纯运动指令外,还有大量用于控制程序流程的编程,包含 if 分支编程、switch-case 分支编程、循环编程和等待函数编程等。

(1) If 分支编程

If 分支用于将程序分为多个路径,给程序多个选择,判断后执行其后面的指令。使用 If 分支后,便可以只在特定的条件下执行程序段。

If 分支的程序流程如图 3-20 所示,由一个条件和两个指令组成。

在执行过程中,分支中的 If 指令会对可能为真(TRUE)或为假(FALSE)的条件进行检查,借此来判断是否执行指令,如果满足条件就会执行 THEN 指令,然后 ENDIF 结束。如果没有满足条件:

① 执行 ELSE 后面的指令,然后 ENDIF 结束。

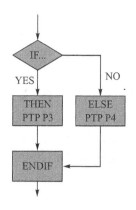

图 3-20　IF 分支流程图

```
IF condition THEN
Anweisung
ELSE
;指令
ENDIF
```

② 直接执行 ENDIF,结束 If 指令。

```
IF condition THEN
;指令
ENDIF
```

If 指令有带选择的分支语句和不带选择的分支语句。

① 不带选择的分支语句,声明一个整数类型的变量,并初识化,再进行 IF 指令的条件判断,如果出现错误等于 5 的时候,则执行 THEN 后的指令,让机器人移动至点 P21 点,否则执行 ENDIF。

```
DEF MY_PROG( )
DECL INT error_nr
...
```

```
Error_nr = 4
...
;仅在 error_nr 5 时驶至 P21
IF error_nr == 5 THEN
PTP P21 Vel = 100 % PDAT21
ENDIF
...
END
```

② 带可选分支的 If 语句,如果变量不等于 5,则要执行 ELSE 后的指令,让机器人移动到 P22 点。

```
DEF MY_PROG( )
DECL INT error_nr
...
INT
Error_nr = 4
...
;仅在 error_nr 5 时驶至 P21,否则 P22
IF error_nr == 5 THEN
PTP P21 Vel = 100 % PDAT21
ELSE
PTP p22 Vel = 100 % PDAT22
ENDIF
...
END
```

③ 当执行条件复杂,有不止一个的时候,IF 指令会分别进行判断,然后选择执行的指令。

```
DEF MY_PROG( )
DECL INT error_nr
...
INT
Error_nr = 4
...
;仅在 error_nr 1 或 10 或大于 99 时驶至 P21
IF (error_nr == 1)OR (error_nr == 10)OR (error_nr > 99) THEN
PTP P21 Vel = 100 % PDAT21
ENDIF
...
END
```

(2) Switch-case 分支编程

Switch-case 分支是一个分支或多重分支,并且用于不同情况,用 switch-case 指令能达到区分多种情况并为每种情况执行不同的操作的目的。

图 3－21 所示程序流程图中,switch 指令中传递的变量用作开关,作为选择标准,在指令块中跳到预定义的 case 指令中。

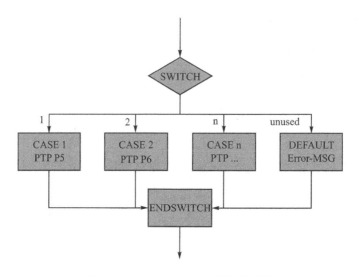

图 3 - 21 switch-case 分支程序流程图

如果 switch 指令未找到预定义的 case,则运行事先已经定义的 default(默认)段。switch-case 分支的句法如下。

```
SWITCH …
CASE …
…
CASE …
…
CASE
…
…
DEFAULT
…
ENDSWITCH
```

switch-case 分支可以和 INT(整数)数据类型、CHAR(单个字符)数据类型和枚举数据类型结合使用。

① 与 INT 类型结合使用。

```
SWITCH number
CASE 1
...
```

② 与 CHAR 类型结合使用。

```
SWITCH symbol
CASE "X"
...
```

③ 与枚举类型结合使用。

```
SWITCH mode_op
```

```
CASE ＃T1
...
```

switch-case 分支可以编程为不同的类型。

① 仅含定义的 switch－ case 分支,无替代路径,当编号(number)不等于 1 或 2 或 3 时,则直接跳至 ENDSWITCH,不执行指令。

```
SWITCH number
CASE 1
...
CASE 2
...
CASE 3
...
ENDSWITCH
```

② 仅含定义的 switch-case 分支和一种替代情况,当编号不等于 1 或 2 或 3 时,则直接跳入 DEFAULT,以执行其指令。

```
SWITCH number
CASE 1
...
CASE 2
...
CASE 3
...
DEFAULT
...
ENDSWITCH
```

③ switch-case 分支中,一个 CASE 中有多种解决方案,当编号不等于 3、4 或 5 时,则直接跳入下一个"CASE",以执行其指令。

```
SWITCH number
CASE 1,2
...
CASE 3,4,5
...
CASE 6
...
DEFAULT
...
ENDSWITCH
```

④ 无替代情况的 switch-case 分支,声明变量 error_nr,当等于 1 或 2 或 3 或 4 时执行其后的指令,否则跳至 ENDSWITCH,不执行指令。

```
DEF MY_PROG( )
```

```
DECL INT error_nr
...
INTError_nr = 4
...
;仅在已存储情况下才可运行
SWITCH error_nr
CASE 1
PTP P21 Vel = 100 %  PDAT21
CASE 2
PTP P22 Vel = 100 %  PDAT22
CASE 3
PTP P23 Vel = 100 %  PDAT23
CASE 4
PTP P24 Vel = 100 %  PDAT24
ENDSWITCH
```

⑤ 有替代情况的 switch-case 分支则是在 error_nr 不等于 1 或 2 或 3 或 4 时,执行 DE-FAULT 后的指令,将机器人驶至起始位置(HOME)。

```
DEF MY_PROG( )
DECL INT error_nr
...
INTerror_nr = 99
...
;在未定义的情况下,驶至起始位置(HOME)
SWITCH error_nr
CASE 1
PTP P21 Vel = 100 %  PDAT21
CASE 2
PTP P22 Vel = 100 %  PDAT22
CASE 3
PTP P23 Vel = 100 %  PDAT23
CASE 4
PTP P24 Vel = 100 %  PDAT24
DEFAULT
PTP HOME Vel = 100 %  DEFAULT
ENDSWITCH
...
```

⑥ 带枚举数据类型的 switch-case 分支,定义颜色的枚举变量和常量,进行声明和初始化后,执行 switch 指令,当颜色符合预定义的 CASE,则执行指令,否则跳至 ENDSWITCH,不执行指令。

```
DEF MY_PROG( )
ENUM COLOR_TYPE red,yellow,blue,green
DECL COLOR_TYPE my_color
...
```

```
INT
My_color = #red
…
SWITCH my_color
CASE #red
PTP P21 Vel = 100 % PDAT21
CASE #yellow
PTP P22 Vel = 100 % PDAT22
CASE #green
PTP P23 Vel = 100 % PDAT23
CASE #blue
PTP P24 Vel = 100 % PDAT24
ENDSWITCH
…
```

(3) 循环编程

1) 无限循环编程

无限循环就是每次运行完之后都还会重新运行的循环,具体句法如下:

```
LOOP
；指令
…
；指令
ENDLOOP
```

在运行过程中,无限循环必须通过外部控制才会终止,可直接用 EXIT 退出,但是在用 EXIT 退出无限循环时必须注意机器人所在的位置,避免发生碰撞,如果两个无限循环互相嵌套,则需要两个 EXIT 指令来退出两个循环。无限循环的程序流程如图 3－22 所示。

① 无中断的无限循环,即程序中有一个无限循环,并且没有编辑退出语句,所以从编程的技术上来讲机器人永远不会移动到点 P5,一直在循环移动点 P1、P2、P3、P4。

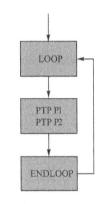

图 3－22　无限循环程序流程图

```
DEF MY_PROG( )
INI
PTP HOME Vel = 100 % DEFAULT
LOOP
PTP P1 Vel = 90 % PDAT1
PTP P2 Vel = 90 % PDAT2
PTP P3 Vel = 90 % PDAT3
PTP P4 Vel = 90 % PDAT4
ENDLOOP
PTP P5 Vel = 30 % PDAT5
PTP HOME Vel = 100 % DEFAULT
END
```

② 带中断的无限循环,即在无限循环中编辑中断的条件,下面的程序中在无限循环中插入 IF 指令,如果满足条件则会中断循环,没有满足则会无限循环下去。

```
DEF MY_PROG( )
INI
PTP HOME Vel = 100 % DEFAULT
LOOP
PTP P1 Vel = 90 % PDAT1
PTP P2 Vel = 90 % PDAT2
IF $ IN[3] == TRUE THEN ;中断的操作
EXIT
ENDIF
PTP P3 Vel = 50 % PDAT3
PTP P4 Vel = 100 % PDAT4
ENDLOOP
PTP P5 Vel = 30 % PDAT5
PTP HOME Vel = 100 % DEFAULT
END
```

2) 计数循环编程

FOR 循环是一种可以通过规定重复次数执行一个或多个指令的控制结构。要进行计数循环则必须事先声明一个整数变量的循环计数器 counter。执行计数循环时是从值等于 start 时开始并最迟是在值等于 last 时结束,循环可以借助 EXIT 立即退出,并可以按照指定的步幅进行计数,步幅(increment)是可以通过关键词 STEP 指定为某个整数。

① 带步幅的计数循环句法。

```
FOR counter = start TO last STEP increment
;指令
ENDFOR
```

② 如果没有借助 STEP 指定步幅时,会自动使用步幅+1。

```
FOR counter = start TO last
;指令
ENDFOR
```

计数循环的程序流程如图 3-23 所示,计数循环又分递减计数和递增计数,递减计数是起始值大于等于终值,指定了负向的步数,逐步递减。递增计数则是相反。

循环运行的原理以递增计数为例:首先循环计数器被用起始值进行初识化:counter=某个整数,然后循环计数器在 ENDFOR 时会以步幅 STEP 递增计数,循环又从 FOR 行开始,能够接着进行循环的条件是计数变量必须小于等于指定的终值,否则会结束循环,根据检查结果的不同,循环计数器会再次递增计数或结束循环。结束循环后程序在 ENDFOR 行后继续运行。

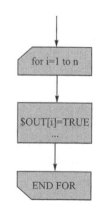

图 3-23 计数循环流程图

① 没有指定步幅的单层计数循环,步幅自动定为+1,也就是说 counter 从等于 1 开始,每次+1,直到等于 51 时,停止循环,这是递增计数循环。

```
DECL INT counter
FOR counter = 1 TO 50
 $OUT[counter] == FALSE
ENDFOR
```

② 指定步幅的单层计数循环,该循环只会运行两次,一次以起始数值 counter=1,步幅是+2,所以另一次则以 counter=3。计数值为 5 时,循环立即终止。

```
DECL INT counter
FOR counter = 1 TO 4 STEP 2
 $OUT[counter] == TRUE
ENDFOR
```

③ 指定步幅的双层计数循环,是两个计数循环嵌套在一起,每次都会先运行内部循环(此处以 counter1),然后运行外部循环(counter2),示例中 counter2 是递减计数循环。

```
DECL INT counter1,counter2
FOR counter1 = 1 TO 21 STEP 2
    FOR counter2 = 20 TO 2 STEP = 2
        …
    ENDFOR
ENDFOR
```

3) 当型循环编程

当型循环也被称为前测试循环。它是用于先检测是否开始某个重复过程,只要某一执行条件(condition)得到满足,这种循环就会一直将过程重复下去,如要完成循环,必须满足执行条件,执行条件不满足时会导致立即结束循环,并执行 ENDWHILE 后的指令。当型循环可通过 EXIT 指令立即退出。程序流程如图 3-24 所示,循环句法示例如下。

```
WHILE condition
     ;指令
ENDWHILE
```

① 具有简单执行条件的当型循环示例。设定输入端:41 为部件在库中,执行条件是部件备好在库中,只要条件得到满足,循环就会将接下来的指令重复下去,如果条件不满足,则结束循环,执行 ENDWHILE 后的指令。表达式 WHILE IN[41] ==TRUE 也可简化为 WHILE IN[41]。省略始终表示比较为真(TRUE)。

```
…
WHILE IN[41] == TRUE ;部件备好在库中
PICK_PART( )
```

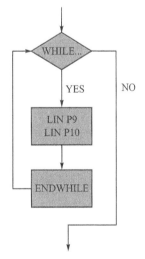

图 3-24　当型循环程序流程图

```
ENDWHILE
...
```

② 具有简单否定型执行条件的当型循环示例。设定输入端：42 为库中是空的，执行条件是否定条件，也就是否定库中是空的，表明部件在库中，与上一个示例是相同的意思。否定的执行条件表达式 NOT IN[42]==TRUE，也可以换成 IN[42]==FALSE。

```
...
WHILE NOT IN[42] == TRUE ;输入端 42;库为空
PICK_PART( )
ENDWHILE
...
```

③ 具有复合执行条件的当型循环，执行条件较复杂，是多个条件一起执行，AND 相连的执行条件要都满足，OR 连接的条件是满足其中一个即可。

```
...
WHILE ((IN[40] == TRUE) AND (IN[41] == FALSE ) OR (counter >20 ))
PALETTE ( )
ENDWHILE
...
```

4）直到型循环编程

直到型循环也称为后测试循环。程序流程如图 3 - 25 所示。这种循环会在第一次执行完循环的指令部分后，测试退出循环的条件（condition）是否已经满足。条件满足时，退出循环，执行 UNTIL 后的指令。条件不满足时，在 REPEAT 处重新开始循环。直到型循环可通过 EXIT 指令立即退出。

直到型循环句法：

```
REPEAT
;指令
UNTIL condition
```

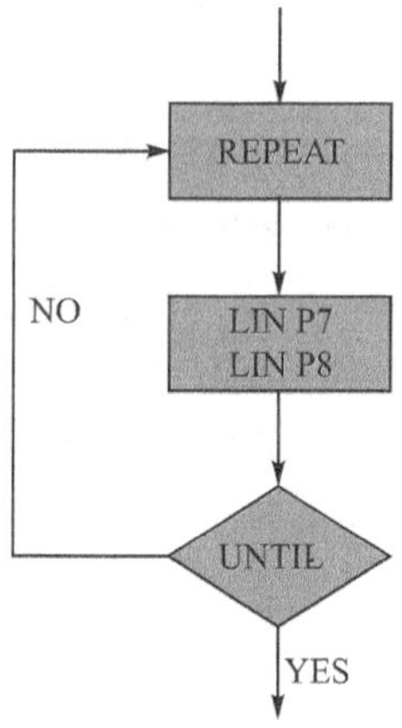

图 3 - 25　直到型循环流程图

① 具有简单执行条件的直到型循环示例。REPEAT 循环一次 PICK_PART( )的指令后，检查是否满足退出循环条件：IN[42]==TRUE，满足条件则退出循环，不满足则继续循环指令，直到满足退出循环条件为止。其中表达式 UNTIL IN[42]==TRUE 也可简化为 UNTIL IN[42]。省略始终表示比较为真（TRUE）。

```
...
REPEAT
PICK_PART( )
UNTIL IN[42] == TRUE ;输入端 42;库为空
...
```

② 具有复杂执行条件的直到型循环示例。退出循环的执行条件是多个条件套用的，所以

在检查退出条件时要符合复杂的执行条件。

```
...
REPEAT
PALETTE( )
UNTIL ((IN[40] == TRUE) AND (IN[41] == FALSE) OR (counter>20))
...
```

(4) 等待函数编程

等待函数可使程序进入等待状态,直到设定的条件或者状态达到为止。等待函数又分为时间等待函数和信号等待函数。

1) 时间等待函数编程

在过程可以继续运行前,时间等待函数会等待指定的时间(time)。时间等待函数单位为秒(s),KUKA 计时器($TIMER[Nr])的时间单位为毫秒(ms),可等待的最长时间为2147484 s,相当于 24 天多,但是时间等待函数的联机表单最多可等待 30 s。时间值也可用一个合适的变量来确定,最短的有意义的时间单元是 0.012 s(IPO 节拍),如果给出的时间为负值,则不等待,时间等待函数触发预进停止,因此无法进行轨迹逼近。为了直接生成预进停止,可使用指令 WAIT SEC 0。

时间等待函数句法如下。

```
WAIT SEC time
```

① 具有固定时间的时间等待函数。在示例中,执行指令移动到点 P1、P2,会在点 P2 处中断运动等待 5.25 秒钟,再移动到点 P3。

```
PTP P1 Vel = 100 % PDAT1
PTP P2 Vel = 100 % PDAT2
WAIT SEC 5.25
PTP P3 Vel = 100 % PDAT3
```

② 具有计算出时间的时间等待函数。需要等待的时间值没有直接给出,需要进行计算得出。

```
WAIT SEC 3 * 0.25
```

③ 具有变量的时间等待函数。在这个示例中时间值是一个变量,要事先声明一个时间变量,并对变量赋值,然后执行时间等待函数。

```
DECL REAL time
Time = 12.75
WAIT SEC time
```

2) 信号等待函数编程

信号等待函数在满足条件(condition)时才切换到继续进程,使过程得以继续。信号等待函数触发预进停止,因此无法轨迹逼近,尽管已满足了条件,仍生成预进停止,但是若在程序行中,指令 CONTINUE 被直接编辑到等待指令之前,如果条件及时得到满足,就可以阻止预进停止,则可以进行轨迹逼近。

信号等待函数句法：

WAIT FOR condition

① 带预进停止的 WAIT FOR。机器人运动到 P2 点时会中断，精确暂停后对输入端进行检查，如果输入端状态正确，则可直接继续运行，否则会等待达到正确状态。因为触发了预进停止，所以无法进行轨迹逼近。

```
PTP P1 Vel = 100 % PDAT1
PTP P2 CONT Vel = 100 % PDAT2
WAIT FOR $ IN[20]
PTP P3 Vel = 100 % PDAT3
```

② 在预进过程中加工的 WAIT FOR(使用 CONTINUE)。也就是说如果条件(输入端 10 或者输入端 20)从预进指针开始时便是或曾是 TRUE，则在点 P2 处不会发生停止，会轨迹逼近，如果是刚刚之前满足条件，则机器人也会轨迹逼近，但如果条件满足过迟，则机器人无法轨迹逼近并必须移至 P2 点。若不满足条件，则机器人在 P2 点上等待直到条件满足为止。

```
PTP P1 Vel = 100 % PDAT1
PTP P2 CONT Vel = 100 % PDAT2
CONTINUE
WAIT FOR ( $ IN[10] OR $ IN[20])
PTP P3 Vel = 100 % PDAT3
```

【任务实施】

循环技术编程。

循环技术编程的操作步骤如表 3 - 19 所列。

循环技术编程

表 3 - 19　循环技术编程操作步骤

序　号	操作步骤	图片说明
1	在示教器主界面依次选择"配置"→"用户组"，进入用户组选择界面	

序　号	操作步骤	图片说明
2	选择 Expert 专家用户组，并输入默认密码 kuka，单击登录按钮即可进入专家界面	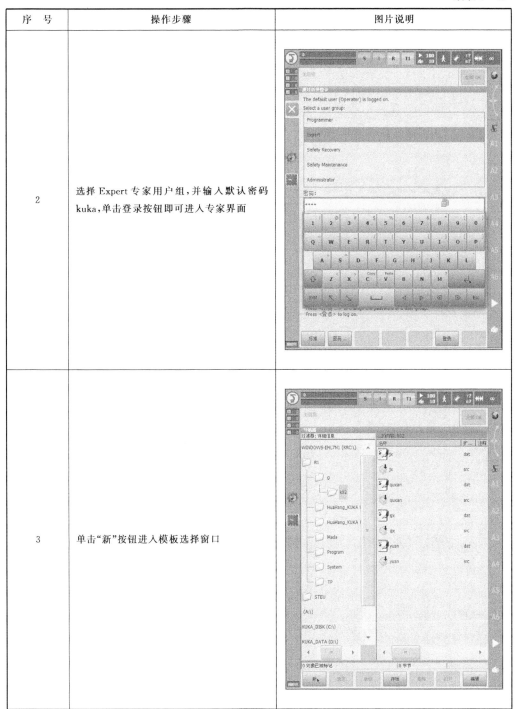
3	单击"新"按钮进入模板选择窗口	

序　号	操作步骤	图片说明
4	选择"Modul 模块",并单击 OK 按钮,以新建程序模块	
5	输入程序模块名称,并单击回车键完成	

序　号	操作步骤	图片说明
6	选中程序模块，单击"打开"按钮，进入程序编辑器	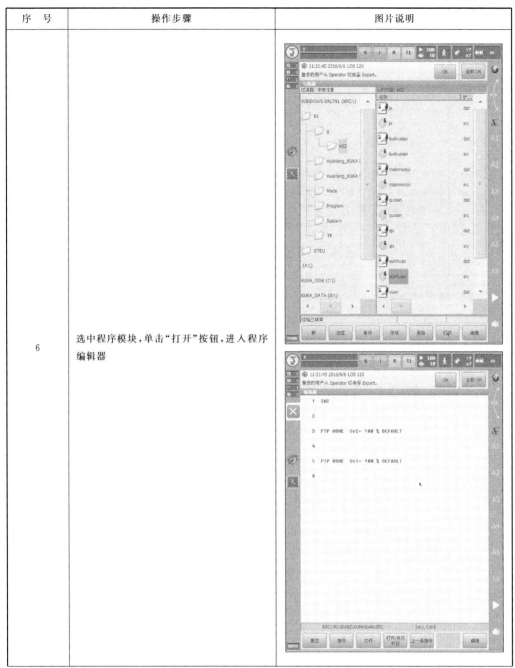

序　号	操作步骤	图片说明
7	因为子程序中都含有 HOME 程序行，这里不需要，故可以将光标置于要删除的程序行上，单击"编辑"按钮，选择"删除"选项，在弹出的选择框中单击"是"按钮，确认删除	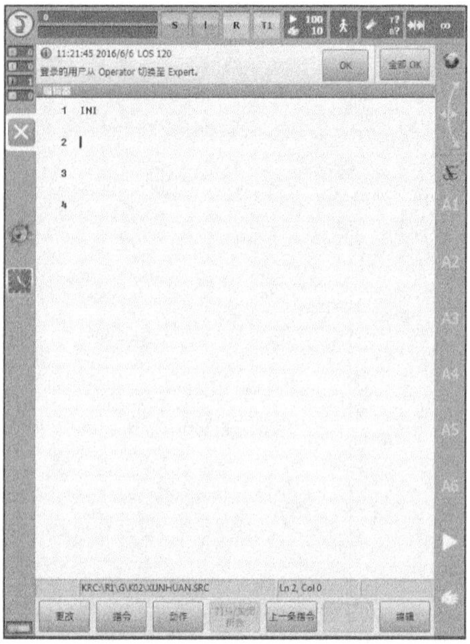
8	然后单击"键盘按键"按钮，调出软键盘，如图右所示	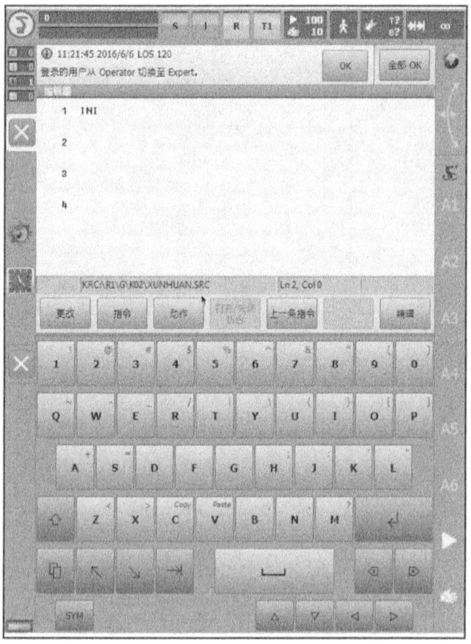

序 号	操作步骤	图片说明
9	输入程序指令行,如图右所示	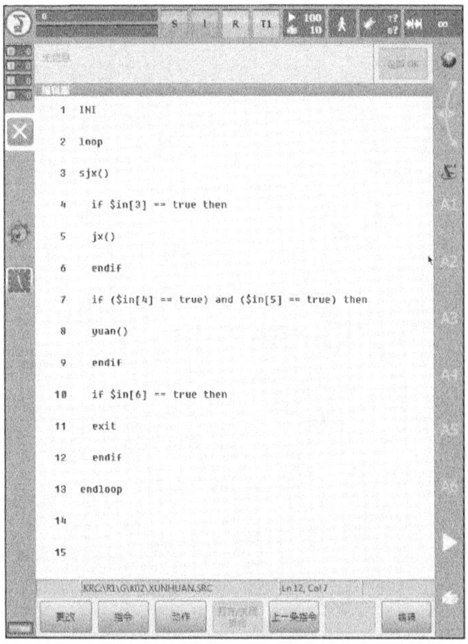
10	单击程序编辑器"关闭"按钮,在弹出的选择框中,选择"是"选项,确认保存程序	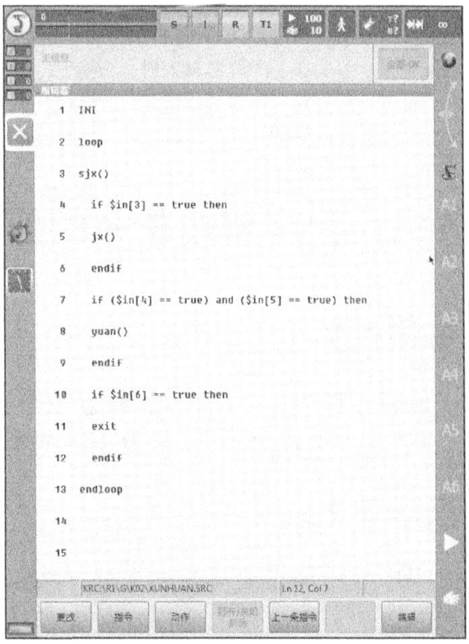

序　号	操作步骤	图片说明
11	选中程序,单击"选定"按钮,在 T1 运行模式下调试程序	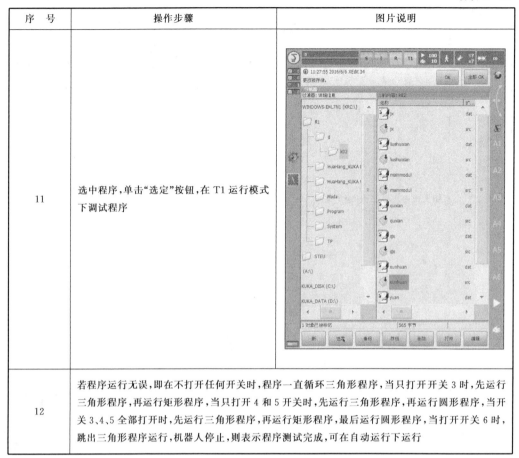
12	若程序运行无误,即在不打开任何开关时,程序一直循环三角形程序,当只打开开关 3 时,先运行三角形程序,再运行矩形程序,当只打开 4 和 5 开关时,先运行三角形程序,再运行圆形程序,当开关 3、4、5 全部打开时,先运行三角形程序,再运行矩形程序,最后运行圆形程序,当打开开关 6 时,跳出三角形程序运行,机器人停止,则表示程序测试完成,可在自动运行下运行	

任务三　程序调用指令的使用

【任务描述】

　　了解程序调用指令的使用,通过一个实例来详细讲解程序调用指令的应用,实例的具体内容为,建立一个主程序,并在主程序中调用三角形和矩形轨迹的子程序。

【知识学习】

　　子程序是为了在编写相同类型、经常重复的程序段落时,减少程序编辑工作以及缩短程序长度而引入的。子程序的使用在较大程序中具有不容忽视的作用,它可以使主程序结构化,这一结构化工作使得程序的结构层次分明,从而使得某个上级程序调用的子程序独立处理各分项工作并提供相应的结果。原则上,有两种不同的子程序类型:局部子程序和全局子程序。

1. 局部子程序

(1) 局部子程序的定义

局部子程序是只在一个程序模块中有效的程序,也就是说只能在对它们进行编程的 SRC

文件范围内调用。主程序和局部子程序在同一个 SRC 文件中,该局部子程序持主程序的模块名称。它具有如下几个特点:

① 局部子程序位于主程序之后,使用句法为:以 DEF Name_unterprogramm()开头并以 END 结束子程序。

```
DEF MY_PROG
;此为主程序
...
END

_____

DEF LOCAL_PROG1( )
;此为局部子程序 1
...
END

_____

DEF LOCAL_PROG2( )
;此为局部子程序 2
...
END
```

② 程序模块中的 SRC 文件中最多只能由 255 个局部子程序组成。

③ 局部子程序在同一个程序模块中允许被多次调用。

④ 局部子程序名称后面需要使用括号。

(2) 运行局部子程序

局部子程序的运行具有如下特点:

① 局部子程序运行完后,会跳回到调出子程序后面的第一个指令。

```
DEF MY_PROG
;此为主程序
...
LOCAL_PROG1( )
...
END

_____

DEF LOCAL_PROG1( )
...
LOCAL_PROG2( )
...
END

_____

DEF LOCAL_PROG2( )
...
END
```

② 一个主程序中,最多可相互嵌入 20 个子程序。

③ 子程序点坐标保存在各个所属的 DAT 列表中,并且仅供相关程序使用。

④ 用 RETURN 可结束子程序,并由此跳回到先前调用该子程序的程序模块中。

```
DEF GLOBAL1( )
...
GLOBAL2( )
...
END
DEF GLOBAL2( )
...
IF $ IN[12] == FALSE THEN
RETURN ;返回 GLOBAL1( )
ENDIF
...
END
```

2. 全局子程序

(1) 全局子程序的定义

全局子程序是对所有程序模块都有效的程序,它是一个独立的机器人子程序,可由另一个机器人程序调用,被存放在一个自己的 SRC 文件中,这样,如果从另外一个程序(包括主程序和子程序)调用时,每个程序都是一个子程序。概括性总结,它具有如下几个特点:

① 全局子程序具有单独的 SRC 文件和 DAT 文件。

② 全局子程序允许被多次调用。

③ 调用子程序的句法:名称()。

(2) 运行全局子程序

全局子程序的运行具有如下几个特点:

① 子程序运行完后,跳回到调出子程序后面的第一个指令。

```
DEF GLOBAL2( )
...
GLOBAL3( )
...
END
GLOBAL3( )
...
END
```

② 最多可相互嵌入 20 个子程序。

③ 子程序点坐标保存在各个所属的 DAT 列表中,并且仅供相关程序使用。

④ 用 RETURN 可结束子程序,并由此跳回到先前调用该子程序的程序模块中。

```
DEF GLOBAL1( )
...
GLOBAL2( )
...
```

```
END
DEF GLOBAL2( )
…
IF $ IN[12] == FALSE THEN
RETURN ;返回 GLOBAL1( )
ENDIF
…
END
```

3. 创建全局子程序的操作步骤

创建全局子程序的操作步骤如下:

① 将用户切换到"专家"模式。

② 新建主程序。

```
DEF MY_PROG( )
…
END
```

③ 新建子程序。

```
DEF PICK_PART( )
…
END
```

④ 选中主程序模块 MY_PROG 的 SRC 文件,并单击"打开"按钮,进入程序编辑窗口。

⑤ 添加子程序的名称和括号,完成子程序的添加。

```
DEF MY_PROG( )
…
PICK_PART( )
END
```

⑥ 关闭程序编辑窗口,程序自动保存。

【任务实施】

主程序调用子程序。

实例内容:机器人从初识位置依次运行三角形和矩形轨迹后再回到初始位置。调用程序格式如下:

```
INI
sjx( );-----三角形例行程序
jx( );----矩形例行程序
```

主程序调用子程序

主程序调用子程序的具体操作见表 3-20。

表 3 - 20　主程序调用子程序步骤

序　号	操作步骤	图片说明
1	在示教器主界面依次选择"配置"→"用户组",进入用户组选择界面	
2	选择 Expert 专家用户组,并输入默认密码 kuka,单击登录按钮即可进入专家界面	

序　号	操作步骤	图片说明
3	单击"新"按钮进入模板选择窗口	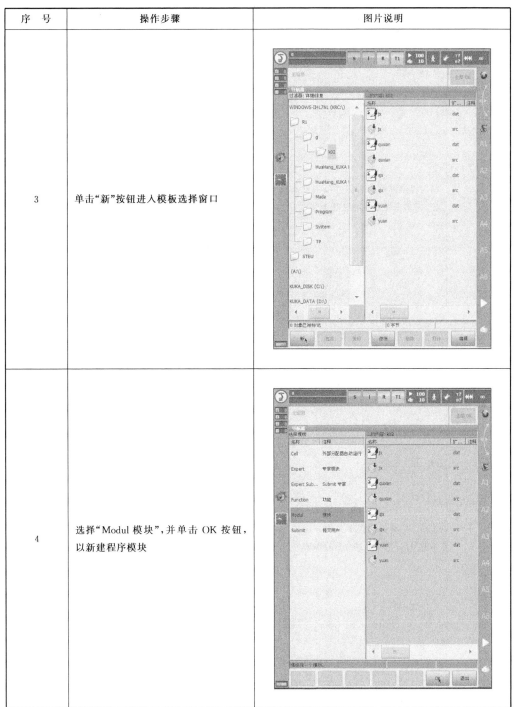
4	选择"Modul 模块",并单击 OK 按钮,以新建程序模块	

序　号	操作步骤	图片说明
5	输入程序模块的名称并单击回车键按钮，以完成程序模块的建立	
6	选择 .src 格式的程序文件 mainmodul，单击"打开"按钮，进入程序编辑器	

续表 3 - 20

序　号	操作步骤	图片说明
7	在程序编辑器中,将光标位置置于第一行 HOME,单击"编辑"按钮,选择"删除"选项	
8	在弹出的选择框中选择"是"选项,以确认删除此行	

序　号	操作步骤	图片说明
9	将光标置于第二个 HOME 行,单击"编辑"按钮,选择"删除"选项	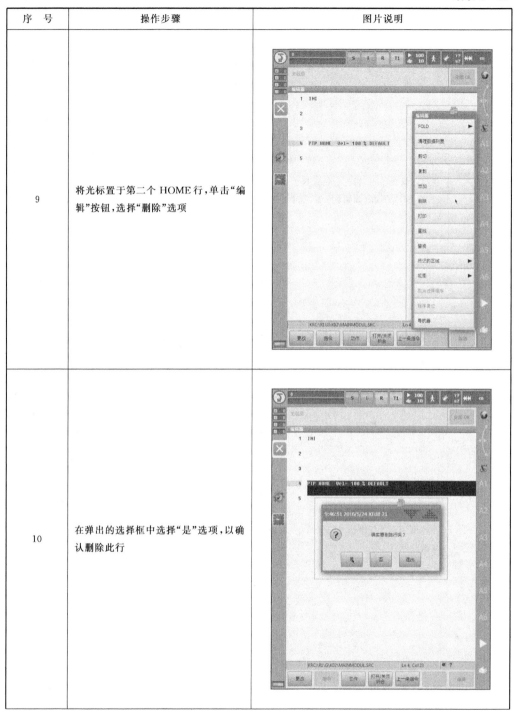
10	在弹出的选择框中选择"是"选项,以确认删除此行	

序　号	操作步骤	图片说明
11	HOME 行删除之后,单击"键盘按键",调出软键盘,按照句法输入要调入的子程序名称及括号	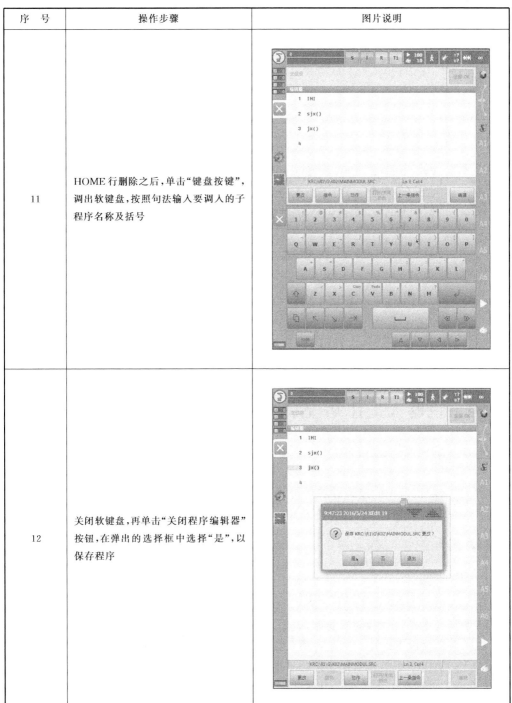
12	关闭软键盘,再单击"关闭程序编辑器"按钮,在弹出的选择框中选择"是",以保存程序	

续表 3 - 20

序　号	操作步骤	图片说明
13	重新选中程序，单击"选定"按钮，测试程序，检查在运行中是否会出现错误，如果没有错误，则调用完成，可以在自动运行模式下，运行程序	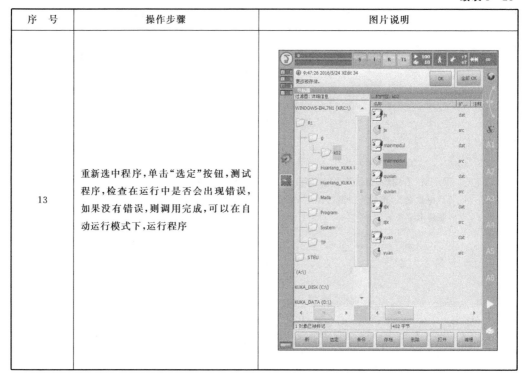

任务四　机器人工作站流水线程序的建立

【任务描述】

掌握 KUKA 机器人的逻辑编程理论知识，包含 I/O 指令、等待功能、逻辑连接、简单切换功能等的编程，完成 K02 多功能机器人基础培训工作站中模拟生产流水线的示教编程。

【知识学习】

1. 工作站概述

使用工业机器人进行码垛、上下料是一种成熟的机械加工辅助手段，在数控车床、冲床上下料环节中具有工件自动装卸的功能，主要适应于大批量、重复性强或者工作环境具有高温、粉尘等恶劣条件情况下使用。本工作站将模拟码垛搬运、模拟运输冲压、模拟流水线生产与工业机器人共同构成一个柔性制造系统和柔性制造单元，并且具有写字绘图功能。在发达国家中，工业机器人自动化生产线成套设备已成为自动化装备的主流及未来的发展方向，应用领域包括汽车制造、钣金冲压、机械加工、注塑、电子器件组装等几乎所有应用自动化生产线的行业。工业机器人具有如下特点：

① 能实现自动运行，具有安全、多角度全方位 24 小时运行的特点，从而能为企业节省大量的人力、物力和财力；

② 具有定位精确、速度快、柔性高、生产质量稳定、工作节拍可调、运行平稳可靠等特点；

③ 能满足机床快速、大批量加工节拍要求。

多功能机器人基础培训工作站由工业机器人、多功能实训操作台、物料块、配套电缆等组成,如图 3-26 所示。

多功能机器人基础培训工作站搭载了 3 种不同功能的实训区域,分别为流水线生产模块区、轨迹路线模块区和写字绘图模块区。其中流水线生产模块区可以实现传送带码垛搬运功能和模拟冲压功能;轨迹路线模块区可以实现对简单几何轨迹的示教编程操作;而写字绘图模块区可以通过示教或离线编程软件的应用实现写汉字和绘制图案的功能。本工作站介绍的实训案例涵盖了对 TCP 和工件坐标系的标定、简单几何轨迹示教编程、程序的调用、循环技术编程、模拟冲压编程、码垛搬运示教编程、写字

图 3-26 多功能机器人基础培训工作站

绘图的编程,在实训过程中让学生学会了工业机器人的基本操作和机器人程序代码的编辑,从而培养学生举一反三的能力。

2. 机器人程序逻辑编程

在对 KUKA 机器人进行逻辑编程时,使用的是表示逻辑指令的输入端和输出端信号,与输入端和输出端相关的逻辑信号主要有以下几个:

① OUT——在程序中的某个位置上关闭输出端。

② WAIT FOR——与信号有关的等待函数,其后跟随的信号通常是输入端 IN、输出端 OUT、时间信号 TIMER、控制系统内部的存储地址 FLAG 或者 CYCFLAG。

③ WAIT——与时间相关的等待函数,控制系统根据输入的时间在程序中的该位置上等待。

(1) 等待功能的编程

计算机预进。

计算机预进时预先读入(操作人员不可见)运动语句,以便控制系统能够在有轨迹逼近指令时进行轨迹设计,但处理的不仅仅是预进运动数据,而且还有数学的和控制外围设备的指令。某些指令将触发一个预进停止,其中包括影响外围设备的指令,如 OUT 指令(抓爪关闭,焊钳打开)。如果预进指针暂停,则不能进行轨迹逼近,如图 3-27 所示,各行的程序说明如表 3-21 所列。

```
1   DEF Depal_Box1( )
2
3   INI
4   PTP HOME  Vel= 100 % DEFAULT
5   PTP P1 Vel=100 % PDAT1 Tool[5]:GRP1 Base[10]:STAT1
6 ▷ PTP P2 Vel=100 % PDAT2 Tool[5]:GRP1 Base[10]:STAT1 ①
7   LIN P3 Vel=1 m/s CPDAT1 Tool[5]:GRP1 Base[10]:STAT1
8   OUT 26'' State=TRUE                                 ②
9   LIN P4 Vel=1 m/s CPDAT2 Tool[5]:GRP1 Base[10]:STAT1
10  PTP P5 Vel=100 % PDAT3 Tool[5]:GRP1 Base[10]:STAT1 ③
11  PTP HOME Vel=100 % PDAT4
12
13  END
```

图 3-27 计算机预进程序举例

表 3-21 程序行说明

序 号	说 明
①	行 6 是主运行指针位置(灰色语句条)
②	行 8 是触发预进停止的指令语句
③	行 10 是可能的预进指针位置(不可见)

(2) 等待功能

运动程序中的等待功能可以很简单地通过联机表格进行编程。在这种情况下,等待功能被区分为与时间有关的等待功能和与信号有关的等待功能。

① WAIT——设定一个与时间有关的等待功能,可以使机器人的运动按编程设定的时间暂停(如图 3-28 所示),但是 WAIT 总是触发一次预进停止。

程序举例:机器人在 P2 点的位置上暂停运动 2 秒钟,如图 3-29 所示。

```
PTP P1 Vel=100% PDAT1
PTP P2 Vel=100% PDAT2
WAIT Time=2 sec
PTP P3 Vel=100% PDAT3
```

图 3-28 WAIT 指令联机表单   图 3-29 机器人在 P2 点暂停 2s

② WAIT FOR——设定一个与信号有关的等待功能。需要时可将多个信号(最多 12 个)按逻辑连接。如果添加了一个逻辑连接,则联机表格中会出现用于附加信号和其他逻辑连接的栏,如图 3-30 所示,联机表单选项含义说明如表 3-22 所列。

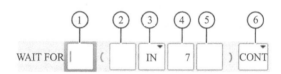

图 3-30 wait for 联机表单

表 3-22 联机表单选项含义说明

序 号	说 明
①	添加外部联接,运算符位于加括号的表达式之间,AND、OR、EXOR、添加 NOT、NOT、用相应的按键插入所需的运算符
②	添加内部联接,运算符位于加括号的表达式之间,包括:AND、OR、EXOR、添加 NOT、NOT、空白,用相应的按键插入所需的运算符
③	等待的信号:IN、OUT、CYCFLAG、TIMER、FLAG
④	信号的编号(1~4096)
⑤	• 如果信号已有名称则会显示出来; • 仅限专家用户组使用,通过单击长文本可输入名称,名称可以自由选择
⑥	• CONT:在预进中被查询,预进时间过后不能识别信号更改; • 空白:带预进停止的加工

(3) 逻辑连接

在应用与信号相关的等待功能时也会用到逻辑连接。用逻辑连接可将对不同信号或状态的查询组合起来,例如可定义相关性或排除特定的状态。一个具有逻辑运算符的功能始终以一个逻辑值为结果,即最后始终给出"真"(值为 1)或"假"(值为 0),如图 3-31 所示。

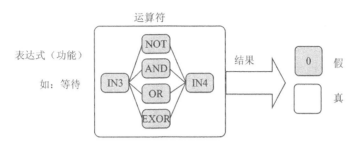

图 3-31　逻辑连接的范例和原理

逻辑连接的运算符包括:

① NOT——该运算符用于否定,即使值逆反(由"真"变为"假")。

② AND——当连接的两个表达式为真时,该表达式的结果为真。

③ OR——当连接的两个表达式中至少一个为真时,该表达式的结果为真。

④ EXOR——当由该运算符连接的表达式有不同的逻辑值时,该表达式的结果为真。

(4) 有预进和没预进的处理

与信号有关的等待功能在有预进或没有预进的加工下都可以进行编程设定。没有预进表示在任何情况下都会将运动停在某点,并在该处检测信号,即该点不能轨迹逼近。如图 3-32 所示,在执行无 CONT 的 WAIT FOR 行时,P2 点无法轨迹逼近,并且会显示信息提示:无法轨迹逼近。

```
PTP P1 Vel=100% PDAT1
PTP P2 CONT Vel=100% PDAT2
WAIT FOR IN 10 'door_signal'
PTP P3 Vel=100% PDAT3
```

图 3-32　带预进的逻辑运动示例

由预进编程设定的与信号有关的等待功能允许在指令行前创建的点进行轨迹逼近。但预进指针的当前位置却不唯一(标准值:三个运动语句),因此无法明确确定信号检测的准确时间。除此之外,信号检测后也不能识别信号更改。如图 3-33 所示,在执行有 CONT 的 WAIT FOR 行时,P2 点可进行轨迹逼近。

```
PTP P1 Vel=100% PDAT1
PTP P2 CONT Vel=100% PDAT2
WAIT FOR IN 10 'door_signal' CONT
PTP P3 Vel=100% PDAT3
```

图 3-33　带预进的逻辑运动示例

(5) 逻辑编程操作步骤

① 将光标放到应插入逻辑指令的一行上。

② 依次选择菜单序列"指令"→"逻辑"→"WAIT FOR"或"WAIT"或"OUT"指令。

③ 在练级表格中设置参数。

④ 用"指令 OK"保存设置。

【任务实施】

模拟冲压流水线生产示教编程。

模拟冲压流水线生产的示教编程,由于过程太长,这里可将整个流水线过程分为 3 部分:未成品搬运、模拟冲压和成品搬运。

(1) 未成品搬运示教编程

未成品搬运是机器人从 HOME 点出发,抓取工件,放至料井的过程,示教点如图 3 - 34 所示。机器人从 HOME 点出发,经 P1、P2 点到达 P3 点,在 P3 点抓取工件,然后经过 P4 点到达 P5 点,在 P5 点松开工件,将工件放至料井内,再运动至 P6 点,作为过渡点。

模拟冲压
流水线生产示教编程

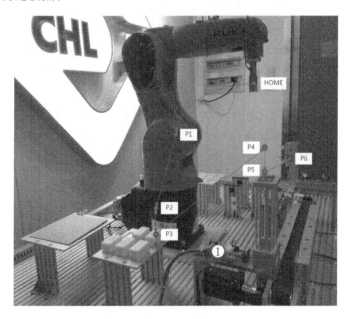

图 3 - 34 未成品搬运示意图

其中气缸 1 动作的条件是:气缸 1 处的光电传感器检测到有物块,并且输出端 10 置为 TRUE,然后皮带传送开始运行,等待一段时间后,至皮带传送物块完成,将输出端复位。

未成品搬运示教编程操作步骤如表 3 - 23 所列。

表 3 - 23 未成品搬运示教编程操作步骤

序　号	操作步骤	图片说明
1	单击"新"按钮,以新建程序模块	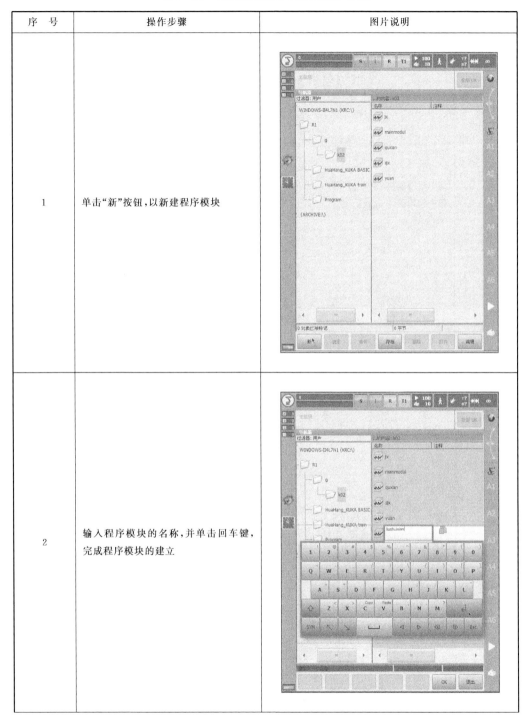
2	输入程序模块的名称,并单击回车键,完成程序模块的建立	

序　号	操作步骤	图片说明
3	选中程序模块,单击"打开"按钮,进入程序编辑器	
4	机器人运行之前,要确保抓爪处于打开状态,单击"指令"按钮,选择"逻辑"→"OUT"→"OUT"	

序　号	操作步骤	图片说明
5	将 OUT 指令设置为 FALSE,各选项参数设置完成后单击"指令"按钮,并在弹出的选择框中选择"是"选项,以确认指令添加完成	
6	将机器人 TCP 移至轮廓轨迹的第一点 P1	
7	在示教器上单击"指令"按钮,选择"运动"选择,选择指令 SPTP	

序　号	操作步骤	图片说明
8	在 SPTP 联机表单中，触摸名称旁的箭头图标，设置使用的工具和基坐标系，如图所示	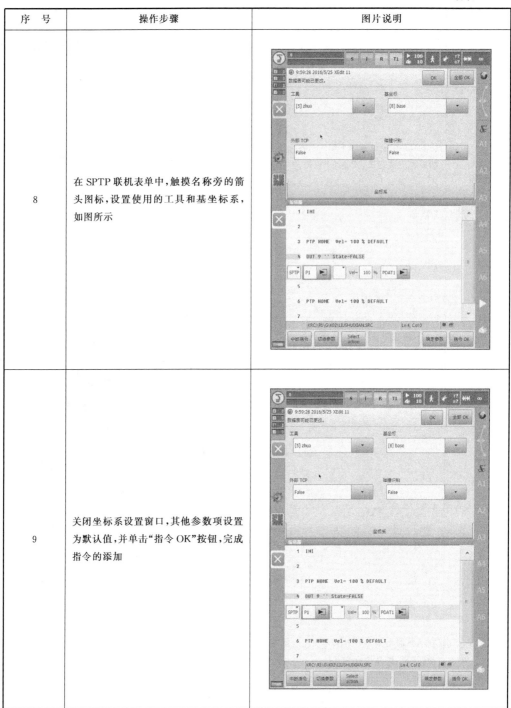
9	关闭坐标系设置窗口，其他参数项设置为默认值，并单击"指令 OK"按钮，完成指令的添加	

序　号	操作步骤	图片说明
10	将机器人 TCP 移至工件上方作为过渡点 P2	
11	在示教器上单击"指令"按钮，选择运动选项，选择添加指令 SLIN	
12	将速度设置为 0.2m/s，单击回车键以完成更改	

续表 3 - 23

序　号	操作步骤	图片说明
13	其他选项的速度设置为默认值,然后单击"指令 OK"按钮,完成指令的添加	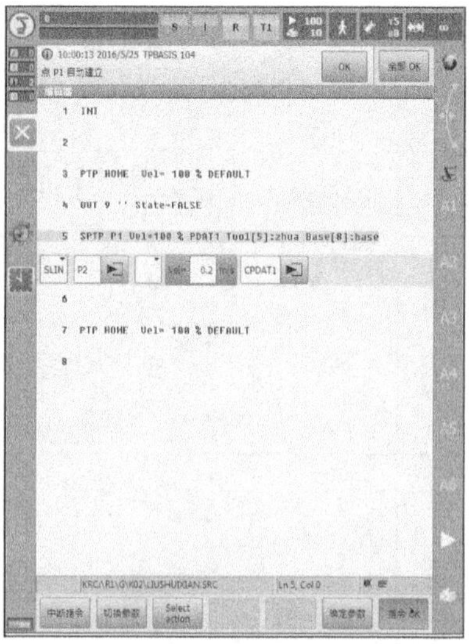
14	将机器人 TCP 移至物料块 P3 点处	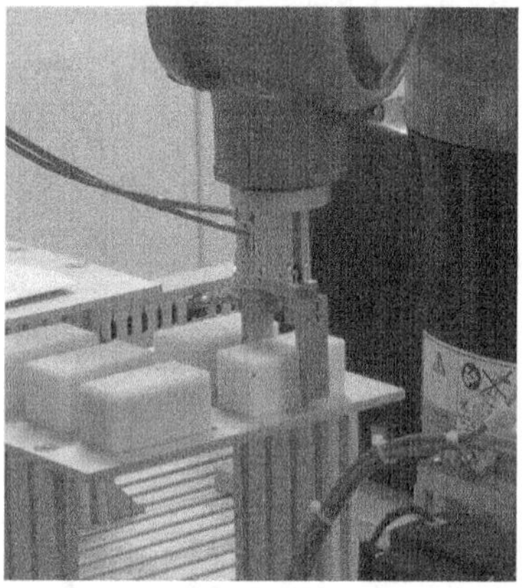
15	单击"指令"按钮,选择添加 SLIN 指令,并单击"指令 OK"按钮,完成指令的添加,如图所示	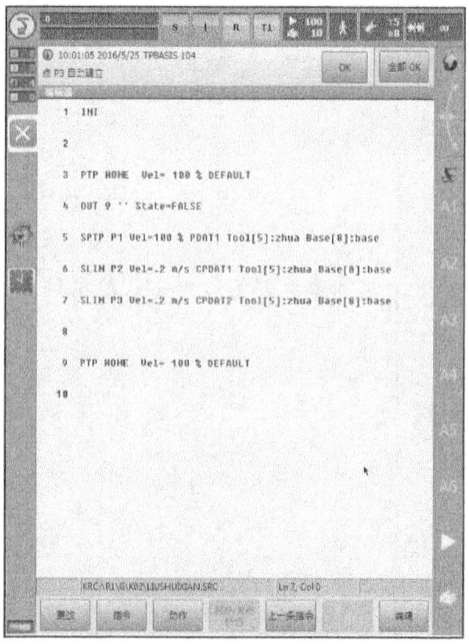

序　号	操作步骤	图片说明
16	机器人在 P3 点处需闭合抓爪以抓取物料,故添加逻辑指令 OUT,值设为 TRUE,使抓爪闭合,并添加 WAIT 指令,值设为 0.5s,使抓爪有充足的时间抓取物料	
17	手动操作机器人将其 TCP 离开码垛盘,移至料井上方 P4 点处	

序　号	操作步骤	图片说明
18	添加运动至 P4 点的运动指令 SLIN	
19	手动操作机器人，将其 TCP 移至料井处一点 P6，以准备在料井投放物料	
20	添加机器人运动至 P5 点处的指令 SLIN	

序　号	操作步骤	图片说明
21	机器人需在 P5 点处打开抓爪,以放下物料,故添加 OUT 逻辑指令,将其值设为 FALSE 以打开抓爪	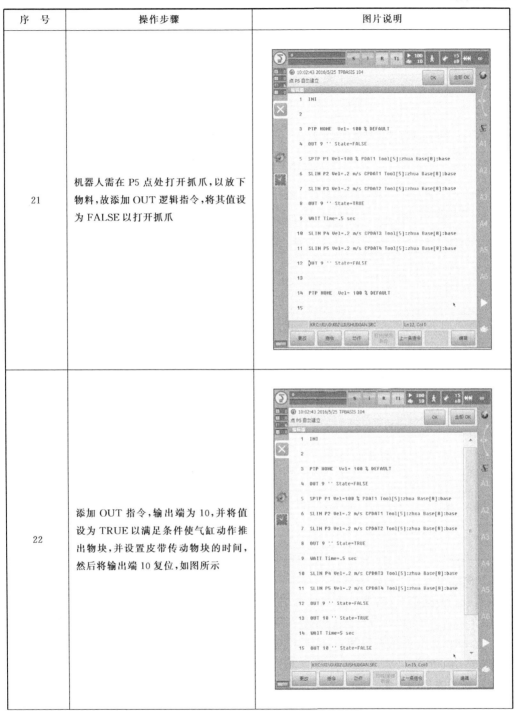
22	添加 OUT 指令,输出端为 10,并将值设为 TRUE 以满足条件使气缸动作推出物块,并设置皮带传动物块的时间,然后将输出端 10 复位,如图所示	

序　号	操作步骤	图片说明
23	将机器人 TCP 移动至过渡点 P6	
24	在示教器上添加运动至此点的指令 SLIN，如图所示	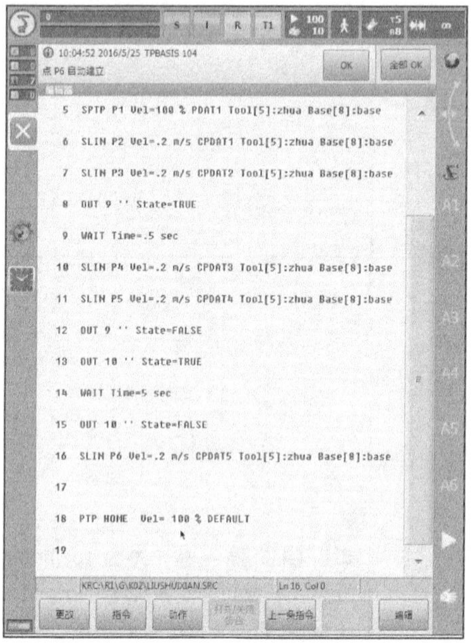

(2) 模拟冲压上下料示教编程

在未成品搬运部分,将物料投入料井之后,气缸将物块推送至皮带轮上,将物块传送到末端(如图 3 - 35 所示的 P8 点位置),机器人 TCP 经过过渡点 P7 到达 P8 点,当机器人接收到有输入信号 9 时,打开抓爪抓取物块,然后经过 P9、P10 点到达 P11 点,在此点打开抓爪,放下物块,如图 3 - 36 所示。

当气缸 2 满足两个条件即光电传感器感应到物块、机器人输出端 11 为 TRUE 时,气缸动作,将物块推送至冲压区,此时冲压气缸 3 模拟冲压动作,然后气缸 4 动作,将物块推送至成品区,如图 3 - 37 所示。

机器人在 P11 点放下物块后,经过过渡点 P12、P13 到达 P14 点,等待下一步的指令。

模拟冲压上下料的具体过程见表 3 - 24。

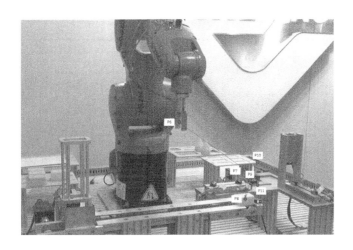

图 3-35 模拟冲压上下料示教示意图一

图 3-36 模拟冲压上下料示教示意图二

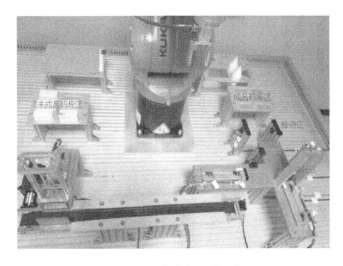

图 3-37 工作台各区域示意图

表 3－24　模拟冲压上下料步骤说明

序　号	操作步骤	图片说明
1	将机器人 TCP 移至过渡点 P7 点位置	
2	添加机器人运动至 P7 点的指令 SLIN	
3	物块被传送至末端后,光电传感器检测到有物块发送信号给机器人,机器人等待信号进行下一步运动,故单击"指令"按钮,选择 WAITFOR 选项	

序 号	操作步骤	图片说明
4	设置机器人等待输入信号 9,然后单击"指令 OK"按钮,完成指令的添加	
5	操作机器人,将其 TCP 移至 P8 点,以准备抓爪工件	
6	在示教器上添加运动至 P8 点的程序指令 SLIN	

序　号	操作步骤	图片说明
7	机器人在 P8 点需闭合抓爪以抓取工件，故添加逻辑指令 OUT，设置输出端 9 为 TRUE，并添加时间等待指令 WAIT，时间设置为 0.5s，以使机器人抓爪有充足的时间闭合抓取工件	
8	将机器人移至过渡点 P9 点位置	

序　号	操作步骤	图片说明
9	添加机器人运动至 P9 点的程序指令 SLIN	
10	移动机器人,将其 TCP 移至过渡点 P10 点的位置	
11	添加机器人运动至 P10 点的程序指令 SLIN	

序　号	操作步骤	图片说明
12	移动机器人,将其 TCP 移至过渡点 P11 点的位置	
13	添加机器人运动至 P11 点的程序指令 SLIN	
14	机器人在 P11 点需松开抓爪,放下物块,故添加逻辑指令 OUT,设置输出端 9 的值为 FALSE,并添加时间等待指令 WAIT,设置时间 0.5 s,确认抓爪有充足的时间打开	

序　号	操作步骤	图片说明
15	手动操作机器人,将其 TCP 分别移至过渡点 P12 点,如图所示	
16	在示教器上添加运动至 P12 点的程序指令 SLIN	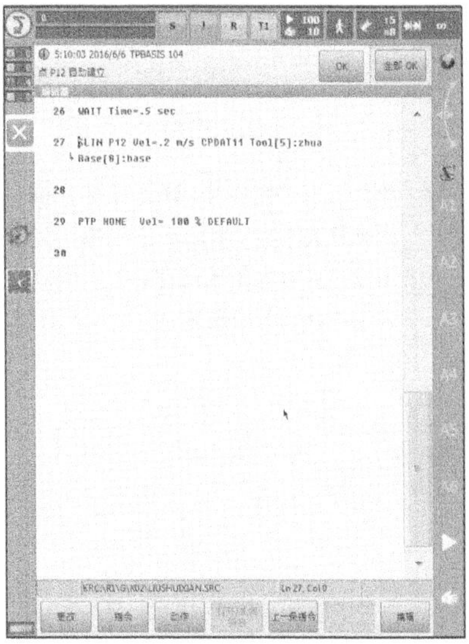
17	气缸 2 动作的条件是机器人输出端 11 发出信号,且检测有物块,故在此添加逻辑指令 OUT,设置输出端 11 为 TRUE,使气缸动作,如图所示	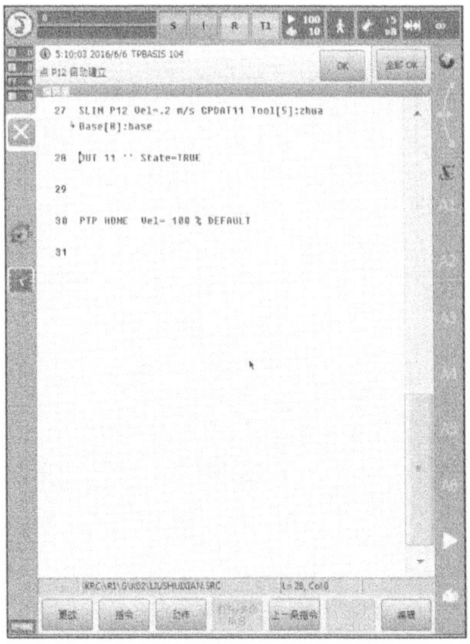

序　号	操作步骤	图片说明
18	添加时间等待指令,设置时间为 3s,使气缸推出物块,完成冲压模拟,再推送至成品区有充足的时间,最后再将输出端 11 复位,如图所示	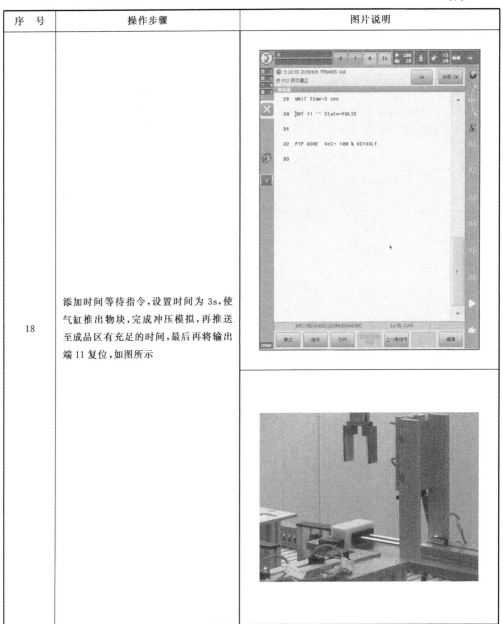

续表 3 - 24

序　号	操作步骤	图片说明
19	操作机器人分别将 TCP 移至过渡点 P13、P14 点	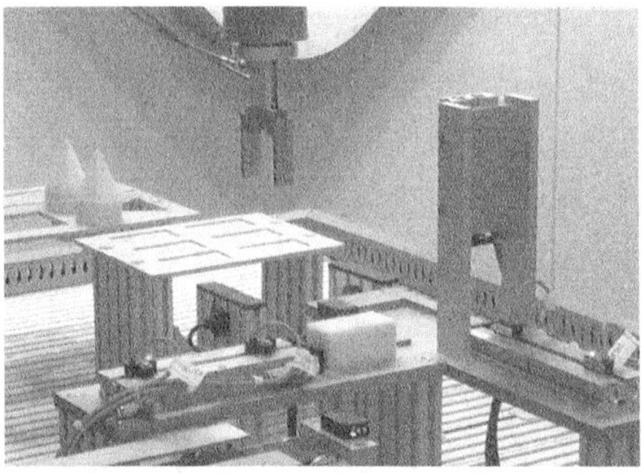 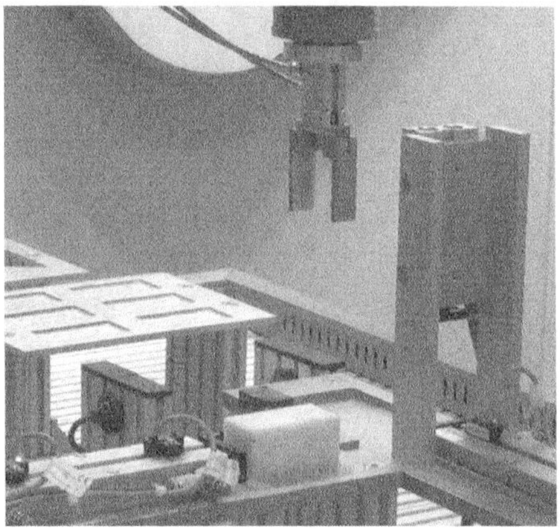
20	按照前面添加指令的步骤，分别在相应位置点添加 P13、P14 的指令，如图所示	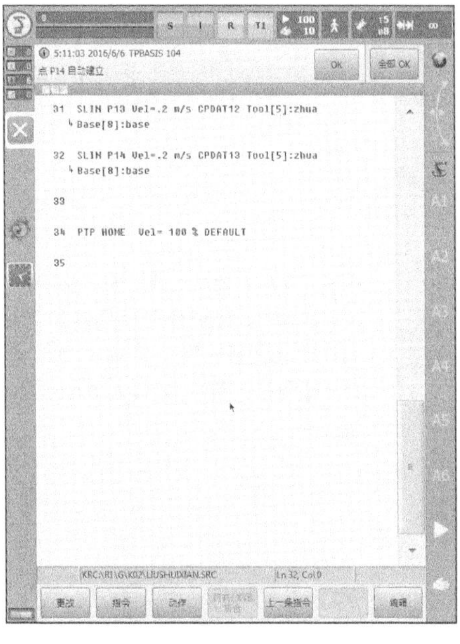

（3）成品搬运码垛示教编程

成品搬运码垛是当机器人冲压工序完成，气缸将物料推送至成品区后，机器人在成品区抓取物料，经过检测区检测再堆放至成品区的过程。

成品搬运码垛的示教流程是：机器人从过渡点 P14 达到 P15 点，在 P15 点闭合抓爪，抓取物料，将 TCP 抬高至 P16 点作为安全点，再经中间点 P17 点到达 P18 点，进入检测区，到达 P19 点完成检测，再经过中间点 P20、P21 到达成品码垛区 P22 点，松开抓爪，放下物料，再将 TCP 移至中间点 P2 作为安全点，至此完成整个模拟冲压流水线生产的示教编程，如图 3-38 所示。

图 3-38　成品搬运码垛示教编程的步骤说明

成品搬运码垛的示教编程步骤如表 3-25 所列。

表 3-25　成品搬运码垛示教编程的步骤说明

序　　号	操作步骤	图片说明
1	机器人在抓取成品区的工件之前，需等待成品区的光电传感器检测到有成品的信号，即等待有信号 10 输入，在示教器上添加等待信号 10 输入的指令，如图所示	

序　号	操作步骤	图片说明
2	再将机器人 TCP 移至 P15 点，以准备抓取工件	
3	添加机器人运动至 P15 点的运动指令 SLIN	

续表 3 - 25

序　号	操作步骤	图片说明
4	机器人在 P15 点需闭合抓爪，抓取物料，故在 P15 点程序指令钱添加 OUT 指令，设置输出端 9 的值为 TRUE，使抓爪闭合，并添加时间等待指令 WAIT，设置时间为 0.5 s，保证抓爪有充足的时间抓取物块，如图所示	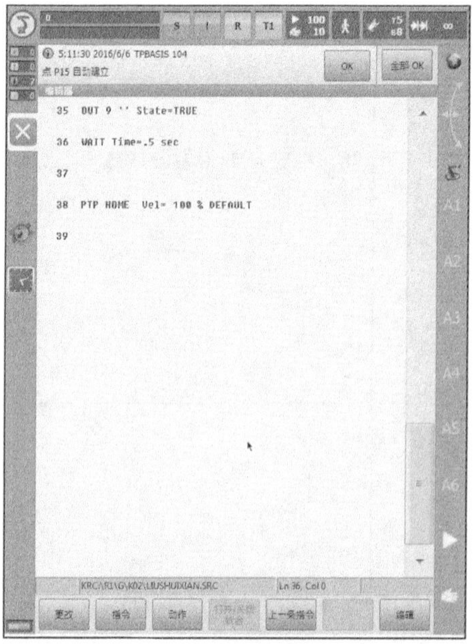 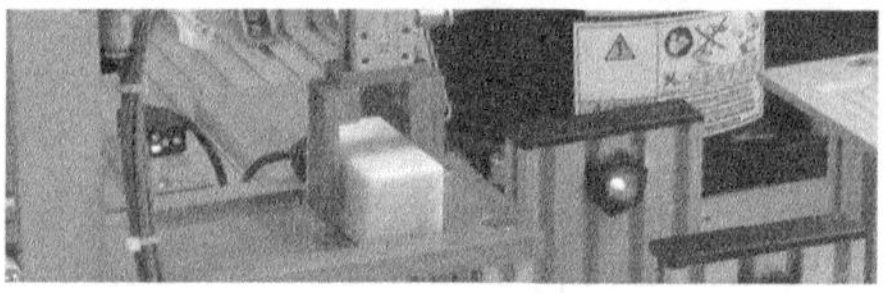
5	机器人抓起物块后，需移至其上方，作为安全过渡点 P16，如图所示	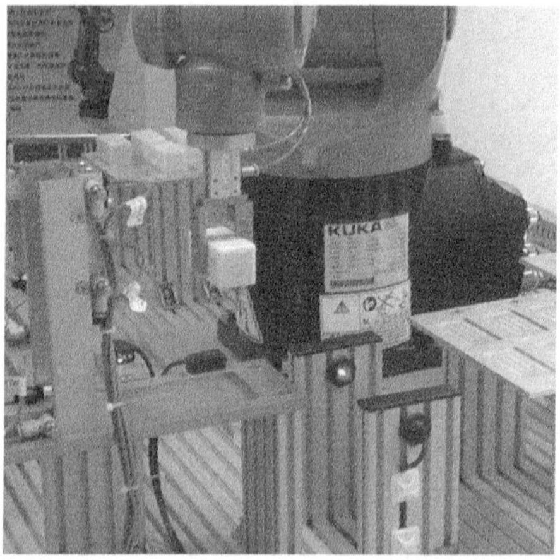

续表 3－25

序　号	操作步骤	图片说明
6	在示教器上添加机器人运动至 P16 点的程序指令 SLIN	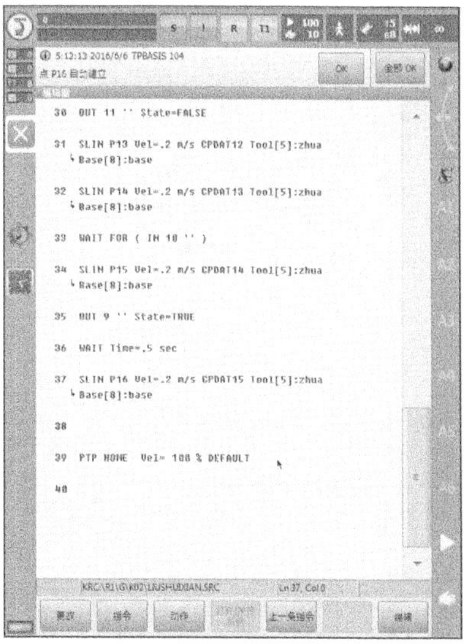
7	将机器人 TCP 移至检测区上方 P17 点，作为过渡点，如图所示	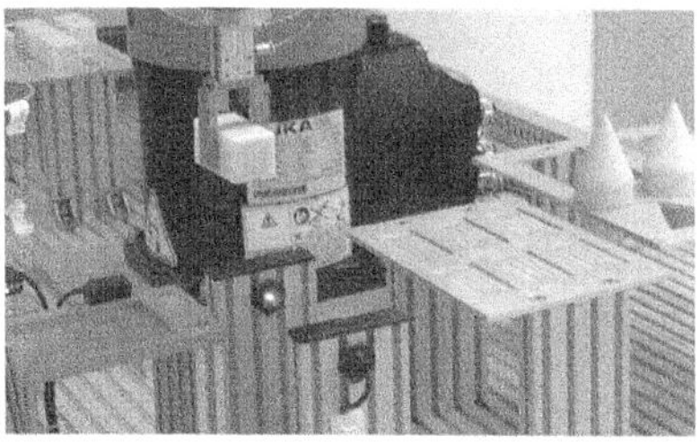
8	在示教器上添加机器人运动至 P17 点的指令 SLIN	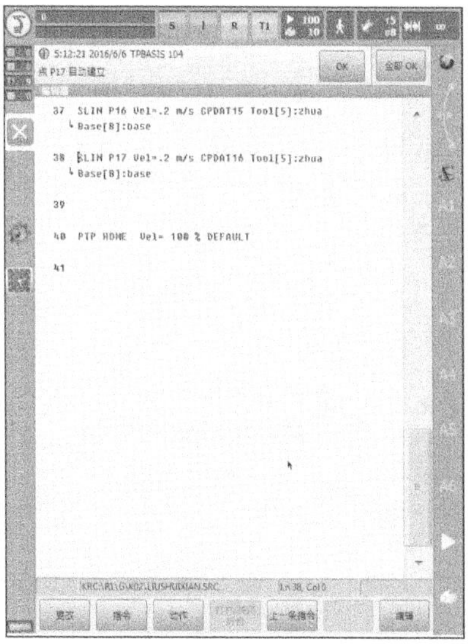

序　号	操作步骤	图片说明
9	手动操作机器人将其 TCP 移至检测区进入点 P18，如图所示	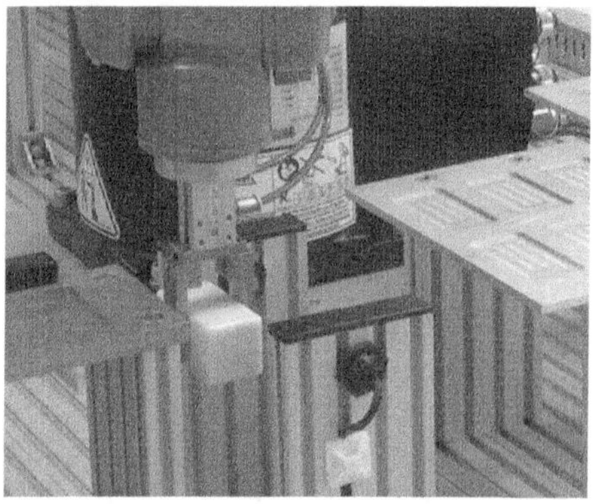
10	添加机器人运动至 P18 点的程序指令 SLIN，如图所示	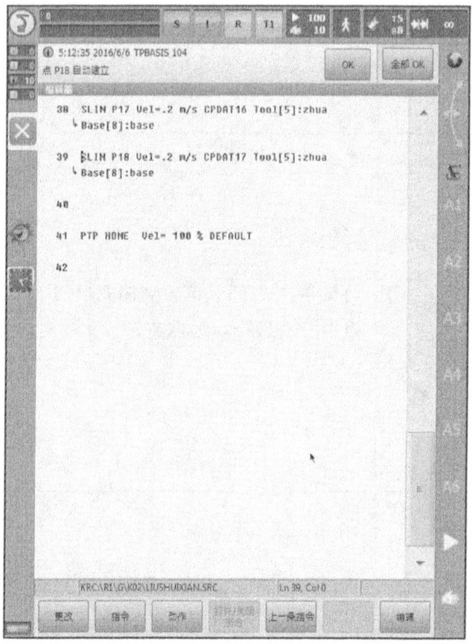
11	再手动操作机器人，将其 TCP 移至出检测区的一点 P19，如图所示	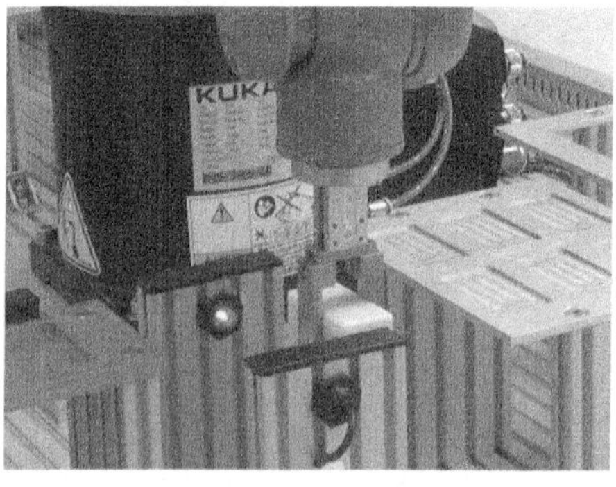

序 号	操作步骤	图片说明
12	在示教器上添加运动至 P19 点的程序指令 SLIN	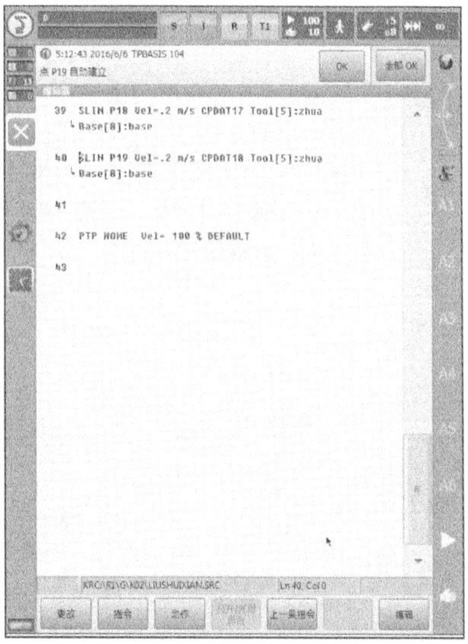
13	将机器人移至检测区上方一点 P20 作为过渡点,如图所示	
14	添加机器人运动至 P20 的程序指令 SLIN	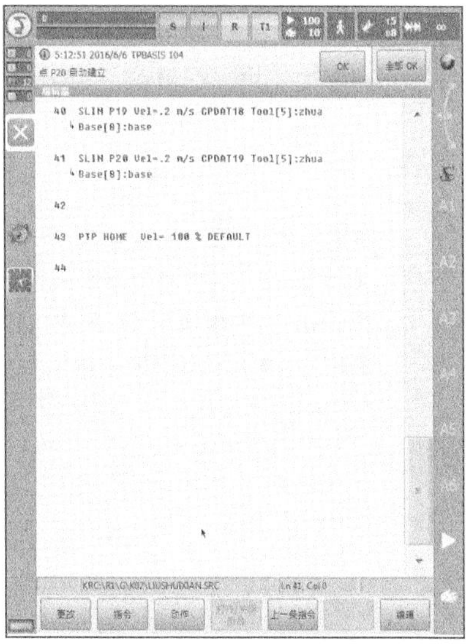

序　号	操作步骤	图片说明
15	手动操作机器人,使其 TCP 经过中间点 P21,到达成品堆垛区一点 P22,准备放至成品物料块,如图所示	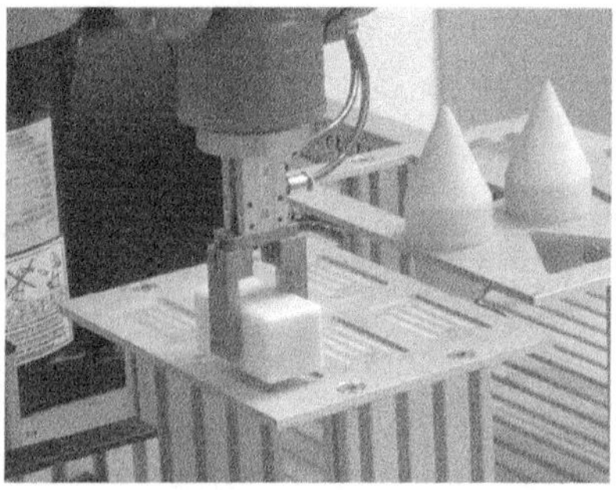
16	添加机器人运动至 P21 点和 P22 点的程序指令 SLIN,如图所示	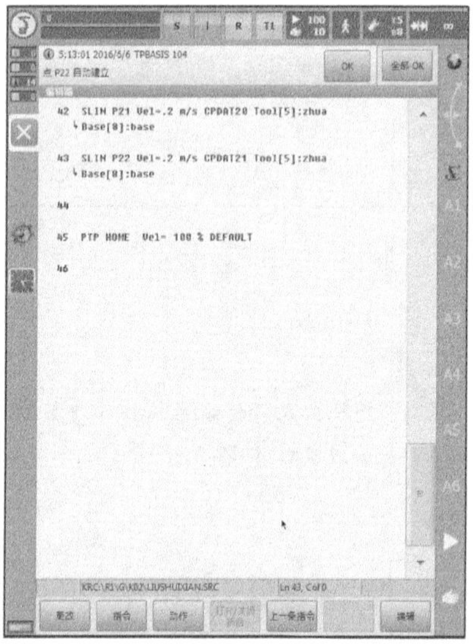
17	机器人在 P22 点需打开抓爪,放至物料块,故添加"OUT"指令,设置输出端 9 为 FALSE,并添加等待时间 WAIT,设置时间 0.5 s,确保抓爪有充足的时间打开,如图所示	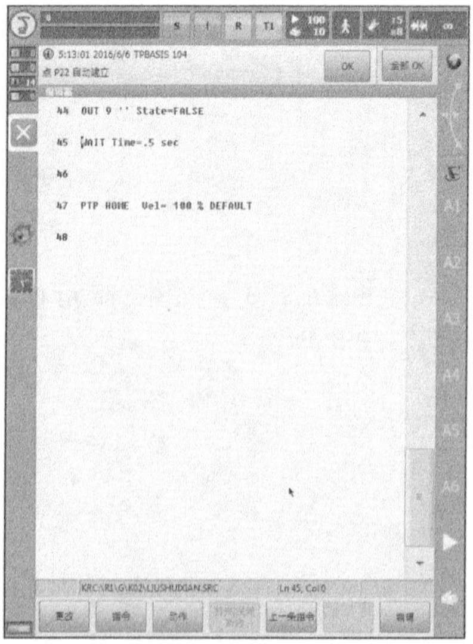

续表 3 - 25

<table>
<tr><th>序　号</th><th>操作步骤</th><th>图片说明</th></tr>
<tr><td>17</td><td></td><td>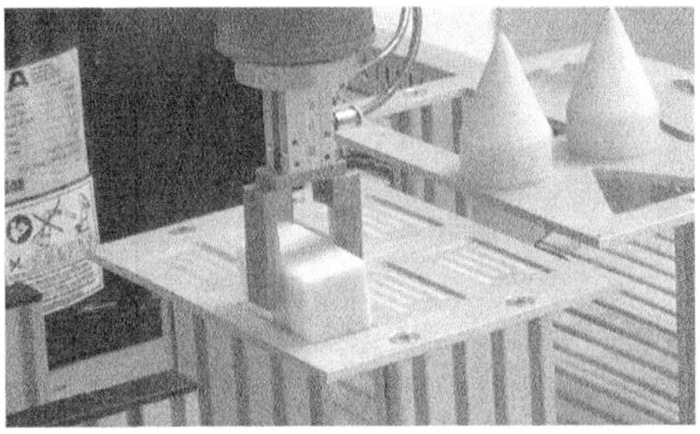</td></tr>
<tr><td>18</td><td>机器人放置完物料块后，将其 TCP 移至成品堆垛区上方作为安全点 P23，如图所示</td><td>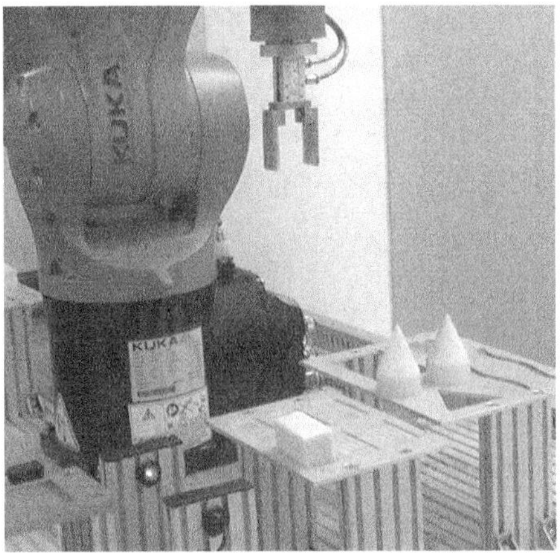
</td></tr>
<tr><td>19</td><td>在示教器上添加机器人运动至 P23 点的程序指令 SLIN</td><td>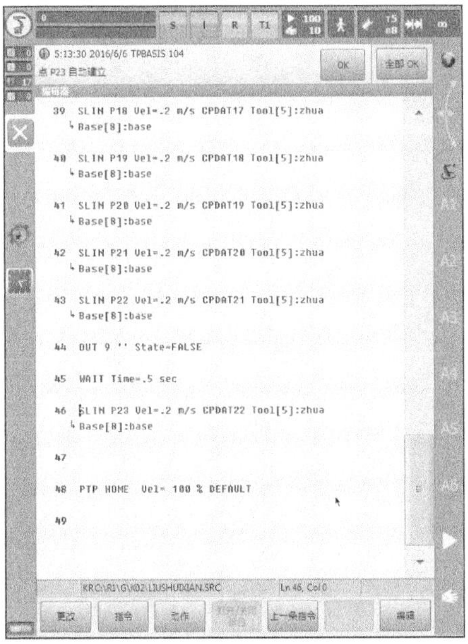
</td></tr>
</table>

序 号	操作步骤	图片说明
20	程序至此编辑完成,单击程序编辑器编辑按钮,程序自动保存,然后单击"选定"按钮,进入程序编辑器以测试程序,在操作面板上将模式旋转至"流水线",在 T1 运行模式下测得程序无误,即可在自动运行模式下运行程序	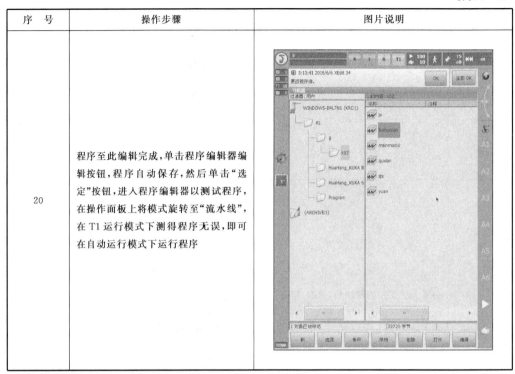

　　以上是对第一块物料进行模拟冲压流水线的示教编程,如果要连续生产多块物料,则可以备份此程序,修改相应点的位置,再新建一主程序,用调用子程序的方法完成多块物料的连续运行。

项目四　机器人参数设定及程序管理

【知识点】

- KUKA 机器人零点标定原理

【技能点】

- 标定 KUKA 机器人零点

任务一　KUKA 机器人零点标定

【任务描述】

对 KUKA 机器人进行首次零点标定操作,并装上工具进行带负载的偏量学习和带偏量的负载零点标定检查及设置。

【知识学习】

机器人零点标定

(1) 机器人零点标定的必要性

零点是机器人坐标系的基准,只有充分和正确标定零点时,机器人的使用效果才会最好。因为只有这样,机器人才能达到最高的点精度和轨迹精度,能够完全以编程设定的动作运行。

完整的零点标定过程包括为每一个轴标定零点。如果机器人轴未经零点标定,则会严重限制机器人的功能,例如无法编程运行、无法进行笛卡尔式手动运行、软件限位开关关闭。所以,原则上,机器人必须时刻处于已标定零点的状态。通常遇到下述情况时,必须进行零点标定:

① 对机器人进行调试时;

② 在对参与定位值感测的部件(如带分解器或 RDC 的电机)采取了维护措施之后;

③ 当未用控制系统(如借助于自由旋转装置)移动机器人轴时;

④ 进行机械修理之后(比如更换驱动电机)或者更换齿轮箱后、以高于 250 mm/s 的速度撞到一个终端止挡上后以及碰撞后。

机器人的零点标定位置虽然都是相似的,但却不尽相同。同一型号的不同机器人的零点位置也会有所不同,如图 4-1 所示。

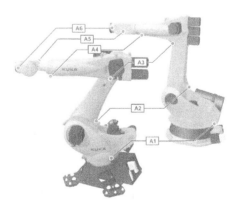

图 4-1　零点标定套筒的位置

（2）执行零点标定

零点标定可以通过确定轴的机械零点的

方式进行，通过技术辅助工具 EMD（electronic mastering device，即电子控制仪）可以为任何一根轴在机械零点位置指定一个基准值（例如 0°），小型机器人用 MEMD 进行零点标定（如图 4-2 所示），这样就可以使轴的机械位置和电气位置保持一致，每一根轴都有一个唯一的角度值。

在进行机器人校正时，应先将各轴置于一个定义好的机械位置，即所谓的机械零点，这个机械零点位置表明了同轴的驱动角度之间的对应关系，通常用测量刻槽或划线表示，即预零点标定标记，如图 4-3 所示。

图 4-2　EMD 与 MEMD

图 4-3　预零点标定位置

为了精确地确定机器人某根轴的机械零点位置，一般应预先找到其校正位置，然后通过 EMD 进行精确确定，这个过程中，轴将一直运动，直至探针到达测量槽最深点时停止，如图 4-4 所示。图中的箭头表示轴的运动方向，必须以箭头所示方向来查找机械零点，如果必须改变方向，则必须先转过预校正位置的标记，然后再重新回到这个标记，这样可以消除传动反向间隙。另外，机器人在校正过程中，必须始终在同样的温度条件下进行，以避免因热膨胀而引起的误差。

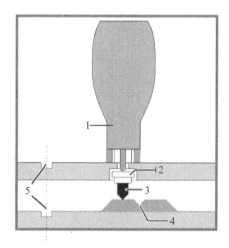
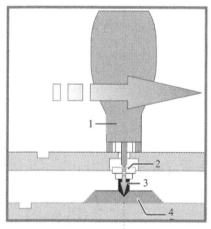

1—EMD（电子控制仪）；2—测量筒；3—探针；4—测量槽；5—预零点标定标记

图 4-4　EMD 校准流程

【任务实施】

标定机器人零点。

(1) 首次零点标定

机器人的零点标定,有两种方式,标准零点标定和零点标定,带负载校正。前者适用于较低的精确度和较低的负载规格,后者适用于较高的精确度要求或多种负载规格。

只有当机器人没有负载、没有安装工具或附加负载时才可以执行首次零点标定,执行首次零点标定的步骤如下:

① 将机器人移到预零点标定位置,如图 4-5 所示。

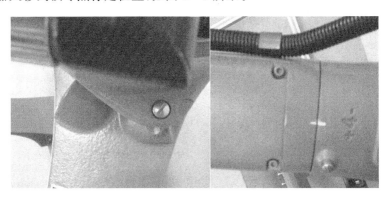

图 4-5　预零点标定位置示例

② 在主菜单中依次选择"投入运行"→"调整"→EMD→"带负载校正"→"首次调整",一个窗口自动打开,所有待零点标定轴都显示出来,其中,编号最小的轴已被选定。

③ 用螺丝刀将测量筒上的防护盖取下(EMD 翻转过来可直接当螺丝刀使用),再将 EMD 拧到测量筒上,如图 4-6 所示。

图 4-6　将 EMD 拧到测量筒上

④ 然后将测量导线连到 EMD 上,并连接到机器人接线盒的接口 X32 上,如图 4-7 所示

（注意：始终将不带测量导线的 EMD 拧到测量筒上，然后方可将测量导线接到 EMD 上，否则测量导线会损坏。同样在拆除 EMD 时也必须先拆下 EMD 的测量导线，然后才将 EMD 从测量筒上拆下。在调整之后，将测量导线从接口 X32 上取下，否则，会出现干扰信号或导致损坏）。

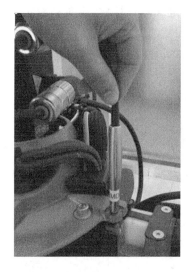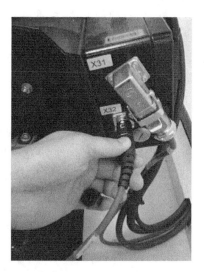

图 4-7　EMD 电缆及连接

⑤ 单击"首次调整"。

⑥ 按下确认开关的中间位置，然后按下并按住启动键，如图 4-8 所示；如果 EMD 通过了测量切口的最低点，则已到达零点标定位置，机器人自动停止运行，数值被保存，该轴在窗口中消失。

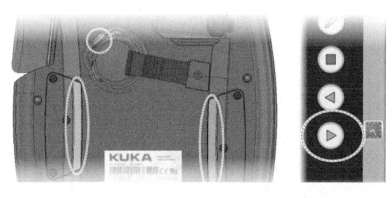

图 4-8　确认键和启动键

⑦ 将测量导线从 EMD 上取下，然后从测量筒上取下 EMD，并将防护盖重新装好。

⑧ 所所有需要进行零点标定的轴重复步骤②～⑤。

⑨ 标定完成后，关闭窗口。

⑩ 将测量导线从接口 X32 上取下。

（2）带负载的偏量学习

机器人在首次校正后装上重工具或者携带重工件，由于负荷的提高可能会导致定位偏差，为了使机器人能够补偿该偏差，必须通过"学习"掌握相应的工具重量，否则将影响机器人的精确度。偏量学习是带负载进行的,它与首次标定(无负载)的差值被存储。只有经常带负载校正而标定零点的机器人具有所要求的高精确度,因此,必须针对每种负荷情况进行偏量学习,前提是工具的几何测量已完成,已分配工具编号。偏量学习的操作步骤如下:

① 将机器人移到预零点标定位置。

② 在主菜单中选择"投入运行"→"调整"→EMD→"带负载校正"→"偏量学习"。

③ 输入工具编号并确认。此时,一个窗口自动打开,所有未学习工具的轴都显示出来,默认选项为最小编号的轴。

④ 从窗口中选定的轴上取下测量筒的防护盖,将 EMD 拧到测量筒上,然后将测量导线连到 EMD 上,并连接到底座接线盒的接口 X32 上。

⑤ 单击"学习"按钮,并按住确认键和启动键。当 EMD 识别到测量切口的最低点时,则表示到达零点标定位置,机器人停止运行,一个窗口自动打开,该轴上与首次零点标定的偏差以增量和角度的形式表现出来。

⑥ 单击"确认"按钮,该轴在窗口中消失,表示偏量学习设置完成。

⑦ 将测量导线从 EMD 上取下,然后从测量筒上取下 EMD,并将防护盖重新装好。

⑧ 然后,对所有需要进行零点标定的轴重复步骤③～⑥。

⑨ 将测量导线从接口 X32 上取下,并单击"关闭"按钮,关闭窗口。

(3) 带偏量的负载零点标定检查及设置

此项功能可以检查并且在必要时重建机器人原先的首次校正参数,而不必拆下工具,机器人在带工具的情况下被校正。如果工具被学习过,那么首次校正的参数将根据习得的偏差重新计算,并且在征得使用者同意的情况下被覆盖,这项功能仅在 T1 运行方式下有效。步骤如下:

① 将机器人移到预零点标定位置。

② 在主菜单中选择"投入运行"→"调整"→EMD→"带负载校正"→"负载校正"→"带偏量"。

③ 在弹出的窗口中,输入工具编号并确认。弹出的窗口中显示所有未进行带偏量负载零点标定检查的轴,默认选项为编号最小的轴。

④ 按窗口中所选定的轴,取下测量筒的防护盖,将 EMD 拧到测量筒上,然后将测量导线连到 EMD 上,并连接到底座接线盒的接口 X32 上。在此过程中,将插头的红点对准 EMD 内的槽口。

⑤ 单击"检查"按钮。

⑥ 按住确认键并按下启动键。当 EMD 识别到测量切口的最低点时,则已到达零点标定位置,机器人自动停止运行,弹出窗口,记录数据。

⑦ 需要时,使用"备份"来储存这些数值,旧的零点标定值从而被删除,如果要恢复丢失的首次零点标定,必须保存这些数据。

⑧ 将测量导线从 EMD 上取下,然后从测量筒上取下 EMD,并将防护盖重新装好。

⑨ 对所有需要进行零点标定的轴重复步骤④～⑦。

⑩ 单击"关闭"按钮,关闭窗口,并将测量导线从接口 X32 上取下。

任务二　程序文件的使用

【任务描述】

在示教器中新建文件夹、新建程序模块，并对程序进行相应的编辑。

【知识学习】

KUKA 机器人的程序模块始终保存在 R1 文件夹下的 Programe 文件夹中，也可以将其存放在新建立的文件夹里。

程序模块用字母 M 标示，在程序模块中可加入注释，以表示对其功能的简短说明，如图 4-9 所示。

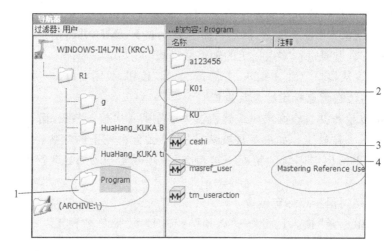

1—程序的主文件夹；2—其他程序的子文件夹；3—程序模块/模块；4—程序模块的注释

图 4-9　程序模块

（1）程序模块的属性

在 KUKA 机器人系统中，模块由两个部分组成，即 SRC 文件和 DAT 文件（如图 4-10 所示），这两个文件只有在专家用户组以上才会显示。

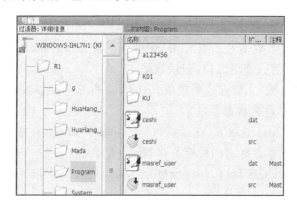

图 4-10　SRC 和 DAT 文件

在 SRC 文件中含有程序源代码。

```
DEF MAINPROGRAM ( )
INI
PTP HOME Vel = 100 %  DEFAULT
PTP POINT1 Vel = 100 %  PDAT1 TOOL[1] BASE[2]
PTP P2 Vel = 100 %  PDAT2 TOOL[1] BASE[2]
…
END
```

在 DAT 文件中含有固定数据和点坐标。

```
DEF MAINPROGRAM ( )
DECL E6POS XPOINT1 = {X 900,Y 0,Z 800,A 0,B 0,C 0,S 6,T 27,E1 0,E2 0,
E3 0,E4 0,E5 0,E6 0}
DECL FDAT FPOINT1 …
…
ENDDAT
```

（2）选择或打开程序

在 KUKA 机器人中,可以选择或打开一个程序,之后将显示一个编辑器和程序,而不是导航器。程序选择或打开对应不同的功能。

1) 程序已选定:

① 语句指针将被显示;

② 程序可以启动;

③ 可以对程序进行有限的编辑,选定的程序尤其适用于应用人员用户组进行编辑的情况,例如:不允许使用多行的 KRL 指令;

④ 在取消选择时,无须回答安全提问即可应用更改,如果进行了不被允许的更改,则会显示出一则故障信息。

2) 程序已打开:

① 程序不能启动;

② 程序可以编辑,打开的程序尤其适用于专家用户组进行编辑的情况;

③ 关闭时会弹出一个安全询问,可以应用或取消更改。

如果在专家用户组中对一个选定程序进行了编辑,则在编辑完成后必须将光标从被编辑行移开至另外任意一行中,只有这样才能保证在程序被取消选择时可以保存编辑内容。

在程序显示和导航器之间可以来回切换,如果已选定或打开了一个程序,则仍可以重新显示导航器,而不必取消选择程序或关闭程序,然后可以重新返回程序。

程序已选定时,此状态与导航器相互切换的步骤如下:

① 从程序切换到导航器:选择菜单序列"编辑"→"导航器"。

② 从导航器切换到程序:单击程序。

程序已打开时,此状态与导航器相互切换的步骤如下:

① 从程序切换到导航器:选择菜单序列"编辑"→"导航器"。

② 从导航器切换到程序:单击编辑器。

注意:必须先停止正在运行或已暂停的程序,才能使用这里提及的菜单序列和按键。

(3) 编辑程序模块

在 KUKA 机器人系统中,程序模块与常见的文件系统类似,也可以在 KUKAsmartPAD 导航器中编辑程序模块。编辑方式包括:

① 复制;

② 删除;

③ 改名;

④ 备份。

【任务实施】

(1) 新建程序的操作步骤

① 在导航器目录结构中选定要在其中建立程序的文件夹(不是在所有的文件夹中都能建立程序)。

② 单击"新"按钮。

③ 仅限在专家用户组中,窗口选择模板将自动打开,选定所需模板并用 OK 键确认。

④ 输入程序名称,并单击 OK 确认。

(2) 新建文件夹的操作步骤

① 在目录结构中选定要在其中创建新文件夹的文件夹,例如文件夹 R1(不是在所有的文件夹中都能创建新文件夹),在应用人员和操作人员用户组中,只能在文件夹 R1 中创建新的文件夹。

② 单击"新"按钮。

③ 给出文件夹的名称,并用 OK 键确认。

(3) 程序复制的操作步骤

① 在文件夹结构中选中文件所在的文件夹。

② 在文件列表中选中文件。

③ 单击"编辑"→"复制"按钮。

④ 给新模块输入一个新文件名,然后单击 OK 键确认。

在专家用户组和筛选设置"详细信息"中,每个模块各有两个文件映射在导航器中(SRC 和 DAT 文件),如果属实,则必须复制这两个文件。

(4) 程序删除的操作步骤

① 在文件夹结构中选中所在的文件夹。

② 在文件列表中选中文件。

③ 单击"编辑"→"删除"按钮。

④ 单击时确认安全询问,模块即被删除。

在专家用户组和筛选设置详细信息中,每个模块各有 2 个文件映射在导航器中,如果属实,则必须删除这两个文件,已删除的文件无法恢复。

(5) 程序改名的操作步骤

① 在文件夹结构中选择所在的文件夹。

② 在文件列表中选中文件。

③ 单击"编辑"→"改名"按钮。

④ 用新的名称覆盖原文件名,并用 OK 键确认。

在用户组专家和筛选设置详细中,每个模块各有两个文件映射在导航器中,如果属实,则必须给这两个文件改名。

(6) 程序备份的操作步骤

① 在文件夹结构中选择所在的文件夹。

② 在文件列表中选中文件。

③ 单击"编辑"→"备份"按钮。

④ 重新生成一个程序模块,并将此模块重新命名,并用 OK 键确认。

任务三 使用 WorkVisual 软件配置机器人

【任务描述】

使用 WorkVisual 软件对机器人进行配置。

【知识学习】

软件包 workvisual 是受控于 KR C4 的机器人工作单元的工程环境,具有以下功能:

① 将项目从机器人控制系统传输到 workvisual。在每个具有网络连接的机器人控制系统中都可选出任意一个项目并传输到 workvisual 里,即使该电脑里尚没有该项目时也能实现。

② 将项目与其他项目进行比较,如果需要则应用差值。一个项目可以与另一个项目比较,这可以是机器人控制系统上的一个项目或一个本机保存的项目,用户可针对每一区别单个决定他是否想沿用当前项目中的状态还是想采用另一个项目中的状态。

③ 将项目传送给机器人控制系统。

④ 架构并连接现场总线。

⑤ 编辑安全配置。

⑥ 对机器人离线编程。

⑦ 管理长文本。

⑧ 诊断功能。

⑨ 在线显示机器人控制系统的系统信息。

⑩ 配置测量记录、启动测量记录、分析测量记录(用示波器)。

Workvisuai 操作界面的结构和功能。

Workvisual 软件 I/O 配置界面如下图 4 - 11 所示,除了此处的窗口和编辑器之外,还有更多选择可供选用,可通过"窗口"和"编辑"菜单栏调出,这里不作一一介绍。

操作界面各个模块说明如表 4 - 1 所列。

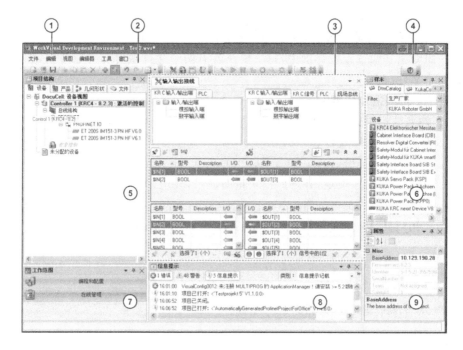

图 4-11　workvisual 配置界面

表 4-1　操作界面模块说明

序　号	说　明
①	菜单栏
②	按键栏
③	编辑器区域:如果打开了一个编辑器,则将在此显示,可能同时有多个编辑器打开,这种情况下,这些编辑器将上下排列,可以通过选项卡选择。
④	帮助键
⑤	项目结构窗口
⑥	样本窗口:该窗口中显示所有添加的样本,样本中的单元可通过窗口内拖放并添加到选项卡设备或几何形状里
⑦	窗口工作范围
⑧	窗口信息提示
⑨	窗口属性:若选择了一个对象,则在此窗口中显示其属性,属性可变,灰色栏目中的单个属性不可改变

【任务实施】

(1) 连接机器人与电脑

① 将网线一端接在机器人控制柜 KLI 端口,另一端接在电脑网络端口,如图 4-12 所示。

② 打开电脑控制面板,找到网络和共享中心,如图 4-13 所示。

③ 单击"以太网",找到"属性",如图 4-14 所示。

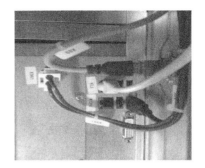

图 4-12 控制柜与电脑用网线连接

图 4-13 网络和共享中心 　　　　　　图 4-14 找到属性选项

④ 单击"属性",选择"Internet 协议版本 4(TCP/Ipv4)",然后单击"确定",如图 4-15 所示。

⑤ 更改"Internet 协议版本 4(TCP/Ipv4)"属性,将电脑 IP 地址改成与机器人在同一个 IP 段中,如图 4-16 所示。

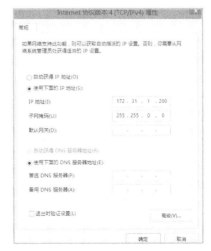

图 4-15 选择网络版本 　　　　　　　图 4-16 更改属性

⑥ 然后单击"确定",完成连接。此时,在控制面板中可能仍会出现黄色感叹号,实际已经连接。

(2) 在 workvisual 软件中查找项目

① 单击 workvisual 图标,打开软件,如图 4 – 17 所示。

图 4 – 17   打开 workvisual 软件

② 单击菜单栏"文件"选项,选择下拉菜单"查找项目",如图 4 – 18 所示。

图 4 – 18   选择查找项目

③ 在出现的 workvisual 项目管理器中,选择"查找",确定电脑与机器人连接好后,单击"更新"按钮,如图 4 – 19 所示。

图 4 - 19　更新项目

④ 在出现的"Zelle"目录下,单击"＋"号,可出现子目录,并显示机器人的 workvisual 项目,如图 4 - 20 所示。

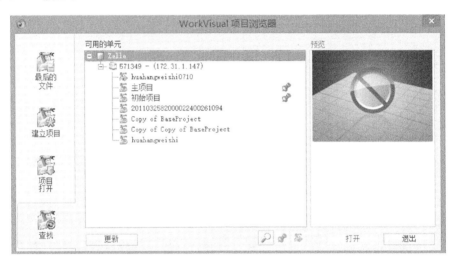

图 4 - 20　显示 workvisual 项目

⑤ 选择 huahangweishi0710 项目,单击"打开",显示机器人激活并正在使用的项目,如图 4 - 21 所示。

注意:在不确定的情况下,不能改变机器人激活项目的任意参数,否则可能造成机器损坏或人员伤亡。

(3) 在 workvisual 软件中打开项目

① 单击菜单序列"文件",选择"打开项目",如图 4 - 22 所示。

② 在出现的 workvisual 项目管理器中,选择"项目打开"选项,如图 4 - 23 所示。

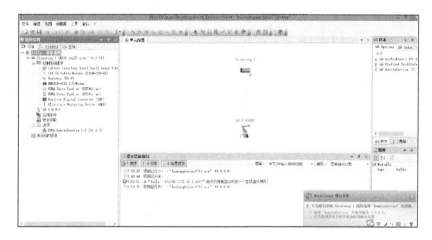

图 4-21　激活项目

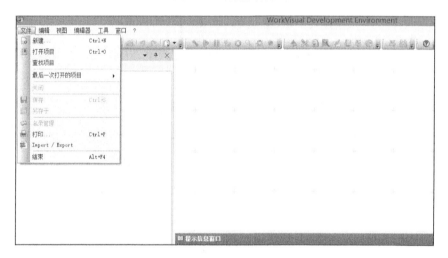

图 4-22　打开项目

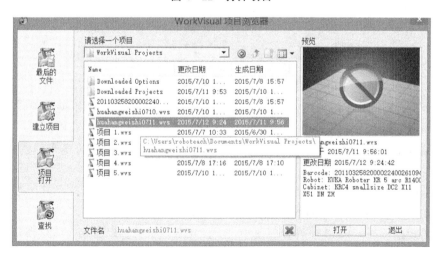

图 4-23　选择要打开的项目文件

③ 选中后缀名为.wvs 的文件 huahangweishi0711,单击"打开"按钮,如图 4 - 24 所示。

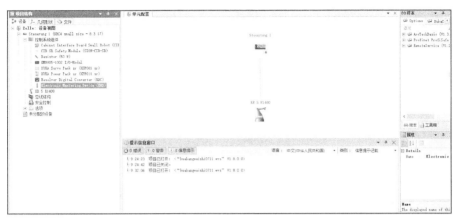

图 4 - 24　打开文件后的界面

④ 然后选中 Steuerung 1(KRC4 small size - 8.3.17),右击选择"设为激活的控制器",如图 4 - 25 所示。

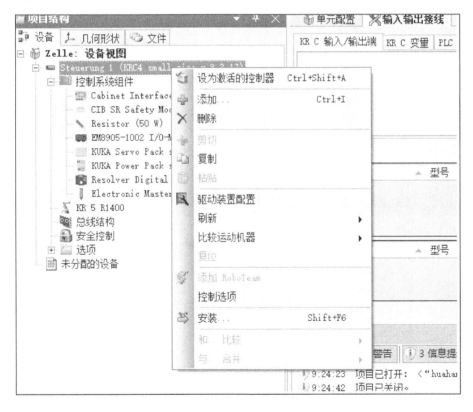

图 4 - 25　KR C4 控制器设为激活状态

⑤激活控制器后,出现"KR C 输入/输出"和"现场总线"等选项的显示界面,如图 4 - 26 所示。

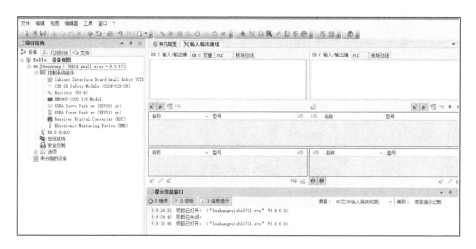

图 4 - 26　激活控制器后界面

（4）用 workvisual 进行 profinet 现场总线配置

在进行 profinet 现场总线配置之前需确认现场总线主机已添加到项目中，且机器人控制系统已设为激活。

输入输出接线窗口如图 4 - 27 所示，各项参数含义如表 4 - 2 所列。

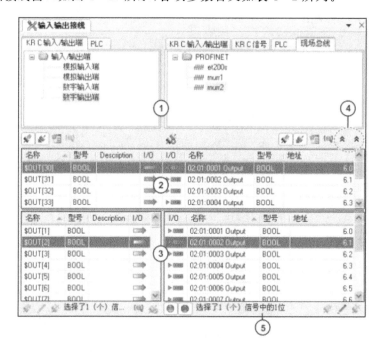

图 4 - 27　输入输出接线窗口

表 4 - 2 输入输出界面参数说明

序 号	说 明
①	显示输入/输出端类型和现场总线设备,通过选项卡从左右两栏选定要连接的区域。此处所选中区域的信号在下半部分被显示出来
②	显示连接的信号
③	显示所有信号,这里可以连接输入/输出端
④	在此可将两个信号显示窗口单独合上再展开
⑤	显示被选定信号包含多少位

输入/输出接线中的按键如表 4 - 3 所列。

表 4 - 3 输入输出按键说明

按键图标	名称/说明
	输入端过滤器/显示所有输入端:显示、隐藏输入端
	输出端过滤器/显示所有输出端:显示、隐藏输出端
	对话筛选器:窗口信号过滤器打开,输入过滤选项并单击按键过滤器,即可显示满足该标准的信号,当设置了一个过滤器,则按键右下角出现一个绿色的勾
	查找连接信号:只有当选定了一个连接的信号时才可用
	查找文字部分:显示一个搜索栏,在此可在所显示的信号中向上或向下搜索信号名称(或名称的一部分)
	连接信号过滤器:可显示或隐藏所有连接信号
	未连接信号过滤器:可显示或隐藏所有未连接信号
	断开按键:断开选定的连接信号,可选定多个连接,一次断开
	连接按键:将显示中所有被选定的信号相互连接,可以在两侧上选定多个信号,一次连接(只有当在两侧上选定同样数量的信号时才有可能)
	在提供器处生成信号按键:只有当使用 Multiprog 时才相关
	编辑提供器处生成信号按键:对于现场总线信号,可打开一个可对信号位的排列进行编辑的编辑器,对于 KRC 的模拟输入/输出端以及对于 MULTIPROG 信号,此处同样有编辑方式可用
	删除提供器处的信号

连接输入端与输出端操作步骤：

① 单击打开接线编辑器菜单，窗口"输入输出接线"打开；

② 在窗口左半侧的选项卡 KRC 输入/输出端中选定需要接线的机器人控制系统范围，例如数字输入端，信号在窗口输入输出接线的下半部分显示；

③ 在窗口右半侧的选项卡现场总线中选定设备，设备信号在窗口输入输出接线的下半部分显示；

④ 将机器人控制系统的信号用 Drag&Drop 拖放到设备的输入或输出端上（或反之将设备的输入或输出端拉到机器人控制系统的信号上），信号就此连接完毕，也可按住 shift 按键同时选定多个信号，一次连接。

（5）将项目传输给机器人控制系统

在 workvisual 中配置完成的项目需要传输到机器人控制系统中，在这之前，需要将配置生成总代码，具体操作步骤如下：

① 单击按钮"生成代码"；

② 代码在窗口"项目结构"的选项卡"文件"中显示，自动生成的代码显示为灰色，如图 4 - 28 所示。

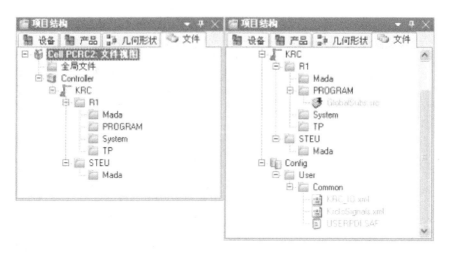

图 4 - 28　项目结构选项卡

生成之后的总代码，需要传输给机器人控制系统才能被使用，具体操作步骤如下：

① 在菜单栏中单击"安装…"键，"项目传输"窗口即打开，如图 4 - 29 所示。

② 如果所涉及的项目还从来未从机器人控制系统回传至 workvisual，则它还不包含所有配置文件，这通过一个提示显示出来，如果未显示该提示，则继续执行第⑬步，如果显示该提示，继续执行第③步；

③ 单击"完整化"，显示安全询问："项目必须保存，并重置激活的控制系统！你想继续吗？"

④ 单击"是"，"合并项目"窗口即自动打开，如下图 4 - 30 所示。

⑤ 选择一个要应用其配置数据的项目；

⑥ 单击"继续"按钮，会显示一个进度条，如果项目中包含多个机器人控制系统，则显示每个系统的进度条；

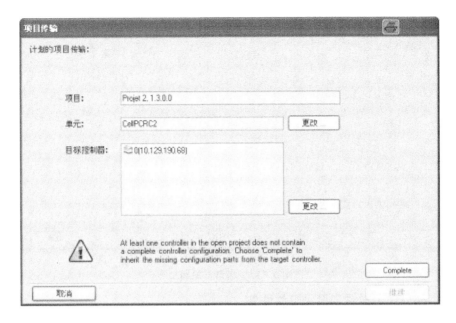

图 4-29　项目传输窗口

图 4-30　合并项目窗口

⑦ 当进度条已填满并且出现状态显示"合并准备就绪"时,单击"显示区别"按钮。项目之间的差异以一览表的形式表现出来;

⑧ 对每种差异均应选择要采用的状态,或者也可选择默认值;

⑨ 单击"合并"按钮,以应用更改;

⑩ 重复步骤⑧~⑨多次,以逐步编辑各个区域。若无区别,则给出信息提示"无其他区别";

⑪ 关闭窗口"比较项目";

⑫ 在菜单栏中重新单击按钮"安装…",出现如图 4-31 所示界面;

⑬ 单击"继续"按钮,启动生成程序,直至进度条显示 100%,则程序生成完成,项目被传输;

⑭ 单击"激活"按钮,并在 30 分钟之内单击"是"键确认;

⑮ 传输完成之后,单击"结束"键以关闭"项目传输"窗口。

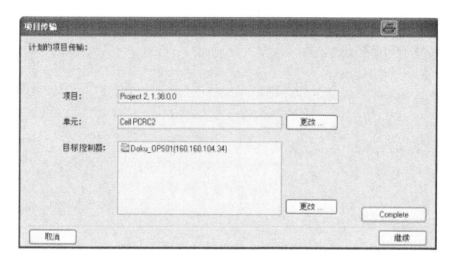

图 4-31　项目传输窗口

（6）在 workvisual 软件安装可选软件包

1）安装 arctech 软件包

① 安装软件包之前,确定所有项目已关闭,如图 4-32 所示;

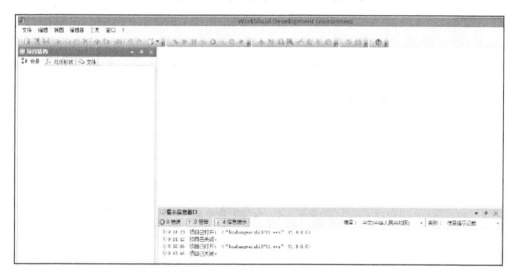

图 4-32　确定项目文件全部关闭

② 单击菜单序列"工具",在下拉菜单选择"备选软件包管理",如图 4-33 所示;

③ 弹出"备选软件包管理"窗口,选择"安装",如图 4-34 所示;

④ 在弹出的"选择待安装的程序包"窗口中,选择后缀名为. kop 的文件 ArcTechBasic. kop,并单击"打开"按钮,选择安装,如图 4-35 所示;

⑤ 软件开始安装,弹出如图 4-36 所示安装界面;

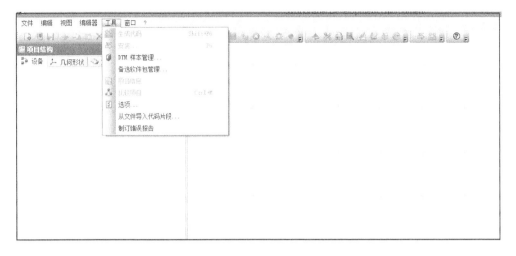

图4-33 选择备选软件包管理

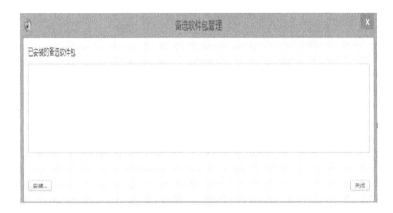

图4-34 选择安装选项

图4-35 选择要安装的软件

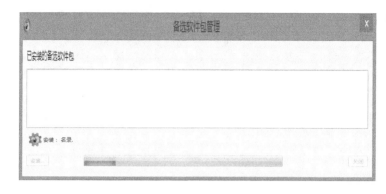

图 4 - 36　软件正在安装

⑥ 安装过程完成后,系统提示"完成",单击"重新启动",使更改生效,如图 4 - 37 所示。

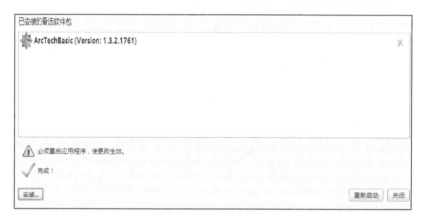

图 4 - 37　安装完成

2) 安装 profinet 软件包

① 重复"安装 arctech 软件包"中的①～③操作步骤,选择后缀名为. kop 的文件 Profinet Profisafe Device. kop,单击"打开"按钮,选择安装,如图 4 - 38 所示。

图 4 - 38　选择要安装的软件

② 安装完成后,系统提示"完成",单击"重新启动"按钮,使更改生效,如图 4 - 39 所示。

图 4 - 39　安装完成

(7) 将安装可选包添加到项目中

① 按照前面内容,选择"项目打开"选项,将控制器 KRC4 smallsize 设为激活状态,并选中"选项"文件夹,如图 4 - 40 所示;

② 右击"选项"文件夹,选择"添加",如图 4 - 41 所示;

图 4 - 40　选中选项文件夹

图 4 - 41　选择添加选项

③ 弹出"添加到选项的元素…"对话框,选择要添加的软件包,例如 Arc Tech Basic,然后单击"添加"按钮,如图 4 - 42 所示;

④ 添加软件包完成后的界面如图 4 - 43 所示。

图 4 - 42　选择要添加的软件包

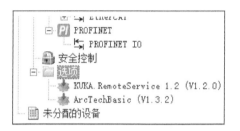

图 4 - 43　软件包添加完成

任务四　机器人程序的备份与还原

【任务描述】

在 KUKA 机器人中对程序进行存档和还原操作。

【知识学习】

存档和还原机器人程序。

(1) 存档途径

KUKA 机器人的相关数据可以进行存档,在每个存档过程中均会在相应的目标媒质上生成一个 zip 文件,该文件与机器人同名,在机器人数据下可个别改变文件名。

KUKA 机器人有 3 个存储位置可供选择:

① USB(KCP)——从示教器上插入 U 盘;

② USB(控制柜)——从机器人控制柜是行插入 U 盘;

③ 网络——在一个网络路径上存档,所需的网络路径必须在机器人数据下配置。

KUKA 机器人的数据存档可以参照表 4 - 4 所列的菜单项进行选择。

表 4 - 4　KUKA 机器人数据存档

菜单项	存档的文件
所有	将还原当前系统所需的数据存档
应用	所有用户自定义的 KRL 模块和相应的系统文件均被存档
系统数据	将机器参数存档

菜单项	存档的文件
Log 数据	将 Log 文件存档
KrcDiag	将数据存档,以便将其提供给库卡机器人有限公司进行故障分析,在此将生成一个文件夹,其中可以写入 10 个 zip 文件,除此之外还另外在控制系统中将存档文件存放在 C:/KUKA/KrdcDiag 下

如果通过"所有"方式进行存档,并且已有一个档案,则原有档案被覆盖。

如果没有选择"所有"而选择了其他菜单性或者 KrcDiag 进行存档,并且已有一个档案,则机器人控制系统将机器人名与档案名进行比较,如果两个名称不同,则会弹出一个安全询问。

如果多次用 KrcDiag 进行存档,则最多能创建 10 个档案,档案再增加时则覆盖最老的档案。

此外,还可以将运行日志进行保存。

(2) 还原数据

KUKA 机器人对于存档之后的数据也可以进行还原,还原时可以选择以下菜单选项:

① 所有;

② 应用程序;

③ 系统数据。

在 KUKA 机器人中,通常情况下,只允许载入具有相应软件版本的文档,如果载入其他文档,则可能出现以下后果:

① 故障信息:故障信息的出现大部分为以下两种情况,一是已存档文件版本与系统中的文件版本不同时,二是应用程序包的版本与已安装的版本不一致时;

② 机器人控制器无法运行;

③ 人员受伤或财产损失。

(3) 存档及还原的基本操作步骤

1) 存档的操作步骤:

① 选择菜单序列"文件"→"存档"→USB(KCP)或者"USB(控制柜)"以及所需的选项;

② 单击"是"确认安全询问,当存档过程结束时将显示信息提示窗口;

③ 当文件存档完成后,将 U 盘取下。

注意:在对 KUKA 机器人数据进行存档时,仅允许使用 U 盘 KUKA.USBData,如果使用其他 U 盘,则可能造成数据丢失或数据被更改。

2) 还原的操作步骤:

① 打开菜单序列文件"文件"→"还原",然后选择所需的子选项;

② 单击"是"确认安全询问,已存档的文件在机器人控制系统里重新恢复,当恢复过程结束时,屏幕出现相关的消息;

③ 如果已从 U 盘完成还原,则拔出 U 盘,需要注意的是只有当 U 盘上的 LED 灯熄灭之后,方可拔出 U 盘,否则会导致 U 盘受损;

④ 重新启动机器人控制系统,为此需要进行一次冷启动(冷启动步骤:在专家用户模式下,选择"KUKA 键"→"关机"→"冷启动")。

【任务实施】

备份程序的步骤如下：

① 选中程序文件，如图 4 - 44 所示；

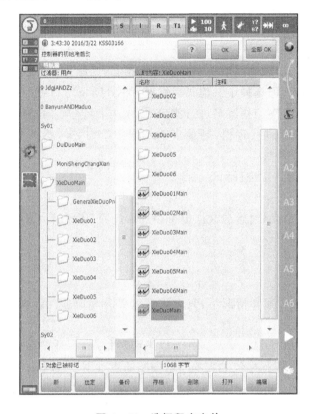

图 4 - 44 选择程序文件

② 选择"备份"按钮，进行备份并给程序重新命名；

③ 单击"打开"按钮，打开备份之后的程序文件，进入程序编辑器进行编辑。

另外，KUKA 机器人程序可通过 RobotArt 离线编程软件导出程序代码，再在机器人上进行加载运行。

加载运行的具体操作步骤如下：

① 在 RobotArt 离线编程软件中，生成程序代码并保存至 U 盘，如图 4 - 45 所示；

名称	修改日期	类型	大小
maduohebanyun.DAT	2016/3/22 10:43	DatFile	9 KB
maduohebanyun.src	2016/3/22 10:43	SrcFile	3 KB

图 4 - 45 生成代码文件

② 将 U 盘插入 KUKA 机器人中；

③ 在专家界面下,找到 U 盘中的程序代码文件,如图 4 - 46 所示;

④ 选中.src 程序文件,并以"选定"方式打开,进入程序并运行,如图 4 - 47 所示。

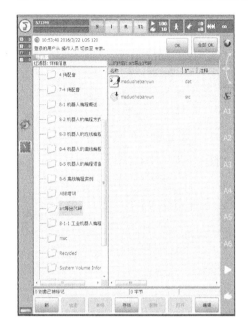

图 4 - 46　找到 U 盘中的程序文件

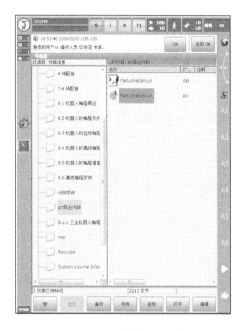

图 4 - 47　选中.src 文件

项目五　工业机器人离线编程应用

【知识点】

- RobotArt 软件的常用基本功能；
- RobotArt 软件中生成轨迹的方法；
- RobotArt 软件轨迹及轨迹点操作命令的使用；
- RobotArt 软件的仿真功能及生成后置代码功能。

【技能点】

- 在 RobotArt 软件中进行环境搭建；
- 在 RobotArt 软件中进行轨迹设计；
- 在 RobotArt 软件中进行仿真及后置；
- RobotArt 离线编程软件的联机调试。

任务一　RobotArt 离线编程软件应用

【任务描述】

多功能机器人工作站的写字绘图模块区，可以通过手动示教和离线编程来实现书写汉字和绘制图案的功能。相比较而言使用离线编程软件 RobotArt 生成轨迹代码的仿古会更加便捷迅速，所以本次任务主要介绍利用 RobotArt 软件生成汉字"科"的轨迹代码的功能。

【知识学习】

离线编程方法是利用计算机图形学成果，借助图形处理工具建立几何模型，通过一些规划算法来获取作业规划轨迹。离线编程程序通过支持软件的解释或编译产生目标程序代码，最后生成机器人路径规划数据。一些离线编程系统带有仿真功能，可以在不接触实际机器人工作环境的情况下，在三维软件中提供一个和机器人进行交互作用的虚拟环境。

RobotArt 是北京华航唯实机器人科技有限公司推出的工业机器人离线编程软件。离线编程的主要流程是：环境搭建→轨迹设计→仿真→后置。其中环境搭建包括机器人、工具和零件的导入，还有对工具 TCP 和工件的校准；轨迹设计包括轨迹生成、轨迹偏移、轨迹点姿态调整和插入过渡点等一系列操作；轨迹设计完成后，就可以进行仿真操作；仿真没有问题则可以进行后置生成代码，保存在相应的文件中，导入机器人中实现动作。

1. 离线编程软件 RobotArt 界面功能

离线编程软件 RobotArt 的界面如图 5-1 所示，菜单栏中对应不同的工具栏内容，其中，左侧面板中可以找到与不同设计相关的各种属性值，共有 4 个选项卡，软件功能区域划分如下：

① 仿真管理面板：是对仿真的相关控制操作；
② 机器人控制面板：右侧面板是对机器人及工具的相关控制操作；
③ 绘图区：软件的主界面，离线编程的操作都反映在绘图区内；
④ 机器人加工管理树：用于对零件、工具、工件、工业机器人、轨迹等进行管理及操作。

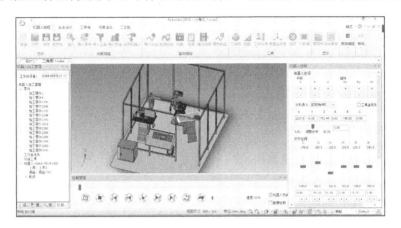

图 5-1　主界面

鼠标和键盘功能如下：
① 单击鼠标：选中光标所在的图形集合；
② 重复单击鼠标：逐渐精准到鼠标所在单个平面；
③ 按住滚轮：可切换整个平面观察视角；
④ 按住滚轮＋Ctrl：拉远/缩短整个平面距离（滚动滚轮也可以拉远/缩短整个平面距离）；
⑤ 按住滚轮＋Shift：拖动整个平面；
⑥ 右击鼠标：调出鼠标所在部分的属性及快捷操作菜单；
⑦ 键盘的大写 A：显示/隐藏所有坐标；S：显示快捷菜单；X/Y/Z：显示隐藏该坐标面；
⑧ F10：开关三维球；
⑨ 空格：取消三维球关联；
⑩ F2：平移整个画面；
⑪ F7：正视所选面；
⑫ F3：调整观察角度；
⑬ F8：显示所有隐藏项。

（1）自由设计功能选项

RobotArt 离线编程软件中自由设计功能选项的界面如图 5-2 所示。

图 5-2　自由设计菜单栏

1）草　图

二维草图：创建一个二维平面，用来绘制 2D 草图。

2) 绘制(建立二维草图后才能激活)

用来绘制图形的工具。例如:画圆可以使用圆心＋半径;画直线可以使用连续直线。

3) 修　改

对绘制的图形进行修改。例如:旋转、移动、镜像等。

4) 约　束

对绘制的图形设置相应约束。

5) 三维曲线

三维曲线的投影及绘制。

6) 三维曲线编辑

对绘制的三维曲线可以进行相应编辑。

7) 曲　面

提取曲面或对曲面进行裁剪操作。

(2) 机器人编程功能选项

机器人编程菜单栏如图 5-3 所示。

图 5-3　机器人编程菜单栏

1) 文　件

① 新建:建立一个空白的工程文件。

② 打开:打开一个已建立好的工程文件。

③ 保存:将当前的工程文件进行保存。

④ 另存为:将当前的文件保存到另一个位置。

2) 场景搭建

① 输入:该功能主要解决从外部导入多种文件后的格式转换。目前软件不仅支持从 Catia、Solidworks、UG、Pro/E. CAXA 等三维建模软件导出的三维文件格式,还支持从电子图版、CAD 等二维绘图软件导出的二维文件格式。

② 导入零件:导入环境搭建需要加工的零件,即机器人工作要加工的零件,一个工程文件可以导入多个零件,例如油盆和直管。

③ 导入工具:导入环境搭建需要的工具,即机器人工作需要的工具,一个工程文件只可导入一个工具,例如:涂胶枪或三维激光切割头。

④ 导入底座:导入环境搭建需要的底座,即在机器人 Base 下的零件。

⑤ 选择机器人:选择机器人的类型,即选择机器人的类型,例如 ABB、KUKA、Staubli、GSK 等。

3) 基础编程

① 导入轨迹:导入其他软件生成的轨迹,如 UG 等格式。

② 生成轨迹:生成机器人工作的轨迹,设定机器人加工零件的路径。

③ 仿真:机器人能否按照已设定好的路径工作,以及机器人的姿态是否是已设定的。

④ 后置:生成机器人代码,将后置的代码拷贝到示教器中,机器人则开始运行。

⑤ 输出动画:可以将在工程文件中生成的所有轨迹都以动画形式导出。

4) 工　具

① 三维球:在虚拟环境中对工件进行平移及旋转,可以准确定位模型。

② 测量:测量在模拟环境中模型的位置关系。

③ 工件校准:调整零件和机器人的位置关系,工件校准后,模拟环境中的零件和机器人的位置与真实环境中的一致。

④ 新建坐标系:模拟环境中默认的是世界坐标系,此功能实现自定义坐标系。

⑤ 选项:此功能主要是对轨迹参数进行设置,如轨迹点的姿态、序号,轨迹点之间的连接线是否显示等。

⑥ 示教器:模拟真实示教器,可以用此功能对机器人进行控制,实现机器人的运动。

5) 显　　示

① 管理树:控制 RobotArt 左边机器人加工管理界面的显示或者消失。

② 控制面板:控制 RobotArt 右边机器人控制面板的显示或者消失。

6) 高级编程

① 设置:对工艺参数的设置,如焊接、切割等。

② 性能分析:轨迹点的姿态、个数及机器人运动的时间显示。

③ 变量管理:对 I/O 信息的设置。

7) 帮　　助

① 新手向导:使用快捷键的介绍,例如激活三维球的方式、绘图界面视角的变化等。

② 帮助:RobotArt 小知识点的介绍及简单案例的编程说明。

③ 关于:RobotArt 版本号及账号的相关信息。

(3) 工具箱选项

工具箱选项如图 5-4 所示。

图 5-4　工具箱菜单栏

1) 定　　位

① 三维球:在虚拟环境中对工件进行平移及旋转,可以准确定位模型。

② 定位:可以对模型进行约束。

2) 检　　查

干涉检查设置。

3) 操　　作

用于对模型进行一系列特征操作。

4) 尺　　寸

对模型的尺寸进行修改。

（4）场景渲染功能选项

场景渲染功能选项如图 5 - 5 所示。

图 5 - 5　场景渲染菜单栏

1）智能渲染

场景渲染提供了丰富的功能，用于渲染零件、工作台、机器人等场景中的可见物体，利用场景渲染菜单可以把绘图区里的对象进行不同的场景设置，满足个人的不同喜好，同时提供了针对整个场景的环境渲染工具，方便做出漂亮的宣传图与动画。

2）渲染器

对机器人工作站环境进行渲染设置。

3）动　画

对动画文件进行播放、停止、编辑等操作。

（5）绘图区

绘图界面是该软件的显示区域，用户导入的所用东西包括机器人、工具等都会显示在这里，对零件等实体进行的相应操作也是在这里进行的，总而言之，在这个区域可以直观直接地对实体进行操作，类似于 Word 中的页面视图，所见即所得。绘图界面如图 5 - 6 所示。

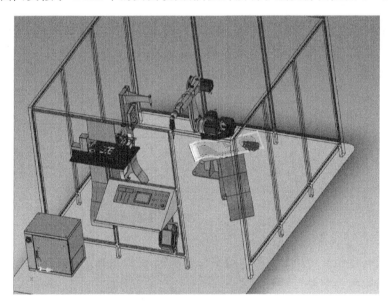

图 5 - 6　绘图界面

（6）机器人离线编程设计区

RobotArt 软件的左侧面板又称模型树界面，面板是以树形结构来显示的，如图 5 - 7 所示。

设计环境面板中，如果该结构树的某个项目左边出现"＋"或"－"号，单击该符号可显示出

设计环境中更多/更少的内容。例如,单击某个零件左边的
"+"号可显示该零件的图素配置和历史信息。

在"设计树"中单击一个对象的名称或图标,被选择的对象
的名称会加亮显示。单击鼠标左键按 Shift 可以选择设计树中
多个连续对象;单击鼠标左键按 Ctrl 可以选择设计树中多个
不连续对象。

属性面板如图 5-8 所示,分为消息、动作、显示设置、渲染
设置、选项设置等几项。各选项功能如下:

① 消息:显示当前操作的相关操作提示;

② 动作:可以对绘图区的实体进行选项、拉伸、旋转、扫
面、放样等操作;

图 5-7　设计环境面板

③ 显示设置:显示零件/隐藏/轮廓/光滑边,显示光源/相机/坐标系统/包围盒尺寸/位置
尺寸,该显示设置项是多选项,可同时选择多个选项;

④ 渲染设置:设置场景的渲染,进行场景设置;

⑤ 选项设置:可设置 Acis 或者 Parasolid 两种类型。

搜索面板如图 5-9 所示,在搜索面板中可以快速地完成各种类型的搜索。

图 5-8　属性面板

图 5-9　搜索面板

机器人加工管理面板如图 5-10 所示,其功能为绘图区模型的显示及对模型属性和轨迹
的管理,可对模型隐藏、显示、删除等操作,轨迹编辑、删除等操作。

机器人加工管理面板包括加工方式、加工零件、轨迹、工具、底座、工件坐标系及与机器人
有关的机器人、工具、底座、轨迹等项目。

① 加工方式：有两种方式，分别为抓取工具、抓取零件，默认情况为抓取工具。

② 加工零件：存放从绘图区中导入的零件，可同时导入多个零件。

③ 轨迹：使用"生成轨迹"图标后生成一条轨迹就会在这里显示一个轨迹组，该轨迹组中包含该轨迹中所有的轨迹点，右击轨迹组可以对轨迹组及轨迹点进行各种操作。

④ 工具：存放从绘图区中导入的工具，同一个设计中只允许导入一个工具。

⑤ 底座：存放从绘图区中导入的底座。

⑥ 工件坐标系：配合机器人编程菜单——新建坐标系使用，是用户自行建立的工件坐标系。

图 5-10　机器人加工管理面板

⑦ 机器人：显示当前使用的机器人的名称及型号，机器人也是唯一的，单击机器人前面的"+"号展开显示当前导入的工具名称、底座名称、轨迹等相关信息。

（7）机器人控制面板

机器人控制面板分为两个功能区：机器人空间和关节空间，机器人控制面板如图 5-11 所示。

1）机器人空间项

机器人空间项中有 X、Y、Z、Rx、Ry、Rz 6 个轴，其中 X、Y、Z 三个轴代表机器人在坐标系中的当前位姿，Rx、Ry、Rz 三个轴代表机器人在坐标系中 X、Y、Z 的旋转值。

① 平移-X：机器人会沿 X 轴移动，当单击"+"号，会沿 X 轴正方向，单击"-"号，机器人会沿 X 轴负方向移动，Y 轴、Z 轴同理。

② 旋转-Rx：机器人会沿 X 轴旋转，当单击"+"号，会沿顺时针方向旋转，单击"-"号，机器人会沿逆时针方向旋转，Ry、Rz 同理。

对应轴下面的文本框中的值表示当前该轴的准确值，调整值的方法有两种：

① 直接拖动滑块来进行调整；

② 单击左右键按钮来进行微调。

步长的范围为 0.01~10.00，调整步长的方式有两种：

① 直接拖动滑块来进行调整；

② 在文本框中直接输入步长值。

工具坐标系不勾选即表示机器人当前工作坐标系是世界坐标系，勾选上则为工具坐标系，默认情况为世界坐标系。

2）关节空间项

关节位置调整块向上移动时，关节逆时针方向增大，相反，当滑块向下移动时，关节顺时针方向增大。

6 个轴的调整方式和步长的调整同机器人空间项一致。

单击"回机械零点"按钮，则机器人回到初识的位置，即 6 个轴都为 0 的状态。

单击"读取关节值"按钮，弹出打开对话框，选择关节值放置的位置，即可自己加载进具体的关节值。

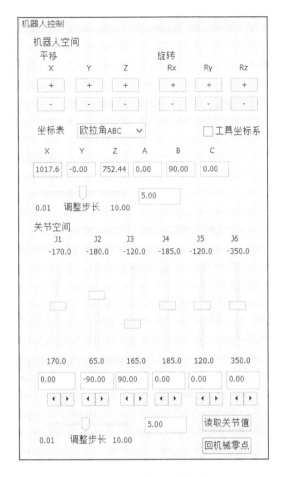

图 5 - 11　机器人控制面板

(8) 仿真控制面板

仿真界面即仿真管理面板,是用于播放仿真动画,用于检测机器人能否以正确的姿态工作,如图 5 - 12 所示。

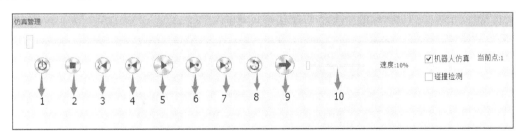

1—关闭控制面板;2—回到起始位置并且暂停;3—上一条轨迹;4—轨迹上一个点;5—暂停/开始;

6—轨迹下一个点;7—下一条轨迹;8—回到起始位置并继续播放;

9—循环播放;10—滑块(控制仿真速度,百分比越大仿真速度越大)

图 5 - 12　仿真管理面板

右上角有两个带方框的选项。第一个选项"机器人仿真"是指 RobotArt 模拟环境中,有工具和机器人,仿真时工具随机器人一起动,不勾选该项是指在仿真时,只有工具在仿真,机器人不移动;第二个选项"碰撞检测"的功能是,如果机器人在仿真时和零件发生碰撞,则机器人变成红色,它可以有效防止在真实环境中机器人和零件碰撞造成的零件损坏。

2. 离线编程轨迹设计

(1) 生成轨迹方式

环境搭建完成后要进行轨迹设计,单击菜单栏中"生成轨迹",左侧会出现如图 5-13 所示的属性面板,点开"类型"的下拉菜单,会显示出所有生成轨迹的方式:沿着一个面的一条边、一个面的外环、一个面的一个环、曲线特征、单条边、点云打孔、打孔。

图 5-13　生成轨迹方式

1) 沿一个面的一条边

该类型是通过指定的一条边和其轨迹方向,加上提供轨迹法向的平面来确定轨迹。在属性面板的类型栏中选择"沿着一个面的一条边",需要拾取元素栏中有线和面,如果轨迹不是闭合的,还需要拾取轨迹终点。红色代表当前工作状态。

以油盘工件为例,用鼠标先选择所需要生成的轨迹中的一段平面的边,如图 5-14 中成高亮状态的一条边,并选择轨迹方向(单击小箭头可以更换方向)。

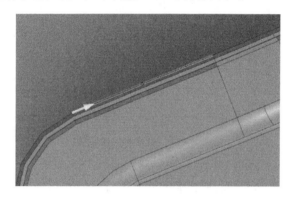

图 5-14　选择面的一条边

再选择如图 5-15 所示的一个供轨迹法向的平面。

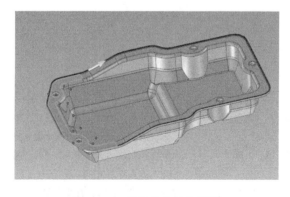

图 5-15　选择作为法向的面

选择如图 5-16 所示的终止点。

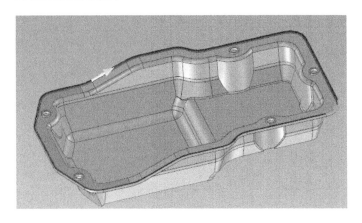

图 5-16　选择终止点

完成上述三步后单击右上方绿色对号，确认生成轨迹，就会自动生成如图 5-17 所示的轨迹。

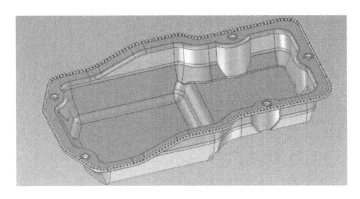

图 5-17　生成的轨迹

2）一个面的外环

当所需要生成的轨迹为简单单个平面的外环边时，可以通过这种类型来确定轨迹。在左侧弹出的属性面板中的类型栏中选择"一个面的外环"，之后可将鼠标放进操作页面。当鼠标停留在零件的某个面上时，会将面预选中，并将颜色转为绿色，如图 5-18 所示。

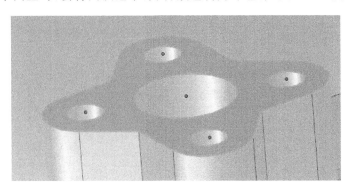

图 5-18　选中的面

单击选中该面,并单击绿色对号确定,轨迹路径将会被自动生成出来,如图 5-19 所示。

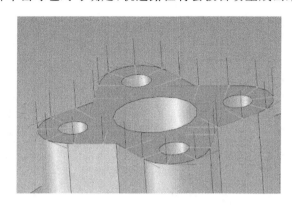

图 5-19　生成的轨迹

3）一个面的一个环

这个类型与一个面的外环类型相似,但是比一个面的外环类型多的功能是可以选择简单平面的内环。

单击生成轨迹,在左侧弹出的属性面板的类型中选择"一个面的一个环",需要拾取零件的线和面。先选择如图 5-20 所示的所要生成的轨迹的环。

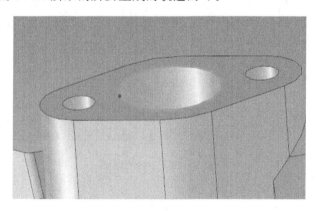

图 5-20　零件的一条边

接着再选择这个环所在的面如图 5-21 所示。

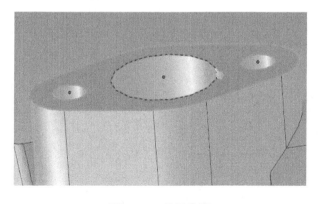

图 5-21　选择的面

然后单击绿色对号确定,会生成如图 5-22 所示的轨迹。

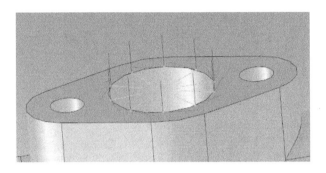

图 5-22　生成的轨迹

4)曲线特征

该类型是由曲线加面生成轨迹,可以实现完全设计自己的空间曲线作为轨迹路径,选择面或独立方向作为轨迹法向。

单击生成轨迹,在左侧弹出的属性面板的类型中选择"曲线特征",需要拾取零件的线和面。一般用于生成汉字等线条较多的轨迹。首先选择所要生成轨迹的线,如图 5-23 所示选择的是汉字华的笔画。

再选择作为轨迹法向的一个平面,图 5-24 所示。

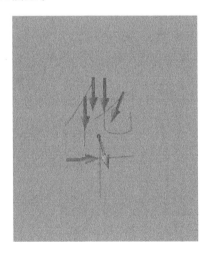

图 5-23　选择轨迹的线　　　　　　　　　　图 5-24　选择面

单击确定,会生成如图 5-25 所示的轨迹。

5)单条边

这个类型可以满足多种轨迹设计的思路。该类型通过对单条线段的选择,加上选择一个面作为轨迹法向,实现轨迹设计。需要拾取零件的线和面。

6)点云打孔

该类型需要拾取的是零件和零件上的点,点的位置就是打孔的位置,并且要在孔深一栏中填写想要的深度,勾选生成往复路径选项。最后单击绿色对号确定,生成轨迹。

图 5-25 生成的轨迹

7）打 孔

这种类型要拾取孔边，勾选往复路径和填写相应的孔深。单击绿色对号确定，生成轨迹。

【任务实施】

1．环境搭建

工业机器人
写字离线编程操作-环境搭建

（1）选择机器人模型

选择机器人模型的操作步骤如表 5-1 所列。

表 5-1 选择机器人模型的具体步骤

序　号	操作步骤	图片说明
1	鼠标双击"RobotArt 软件"的快捷方式，打开软件	
2	单击软件菜单栏一行中"选择机器人"图标	

序　号	操作步骤	图片说明
3	单击"选择机器人"后会弹出如图所示的机器人设置界面，选择 KUKA - KR6 - R700 - sixx 机器人	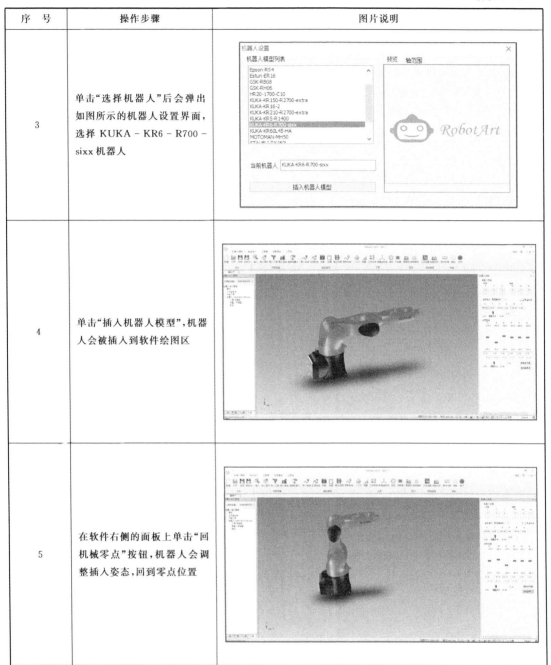
4	单击"插入机器人模型"，机器人会被插入到软件绘图区	
5	在软件右侧的面板上单击"回机械零点"按钮，机器人会调整插入姿态，回到零点位置	

(2) 选择工具模型

选择工具模型的操作步骤如表 5 - 2 所列。

表 5-2 选择工具模型的具体步骤

序 号	操作步骤	图片说明
1	导入机器人模型后,需要选择现实中进行作业的工具,首先单击菜单栏中"导入工具"图标	
2	弹出如图所示的打开界面,即本地用来保存工具模型的文件夹,选择需要使用的"写字笔.ics"文件,然后单击"打开"	
3	导入工具模型后,工具会自动与机器人法兰盘装配在一起	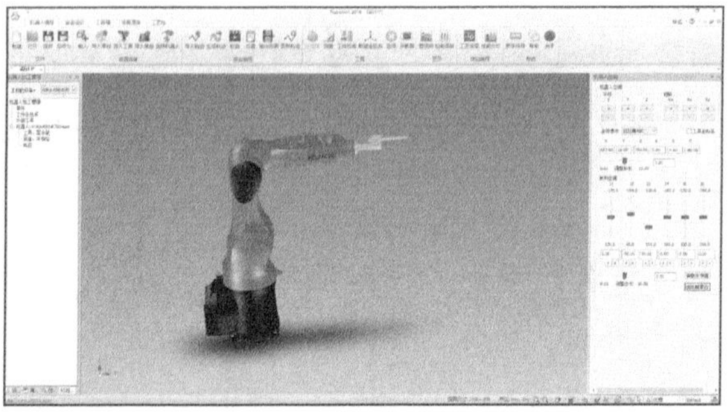

(3) 选择加工零件

选择加工零件的操作步骤如表 5-3 所列。

表 5 - 3　选择加工零件的具体步骤

序　号	操作步骤	图片说明
1	机器人和工具的模型都导入后,接下来要导入加工的零件,如图所示,在菜单栏中单击"导入零件"图标	
2	弹出如图所示的本地保存零件模型的文件夹,选择现实中需要加工处理的零件,本次选择"科写字.ics",然后单击"打开"	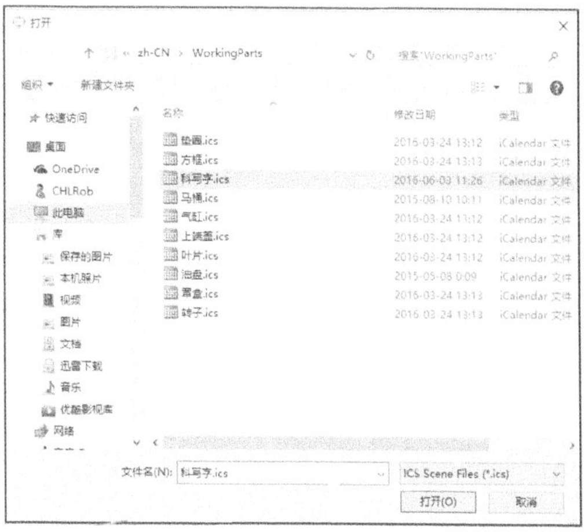
3	导入零件模型	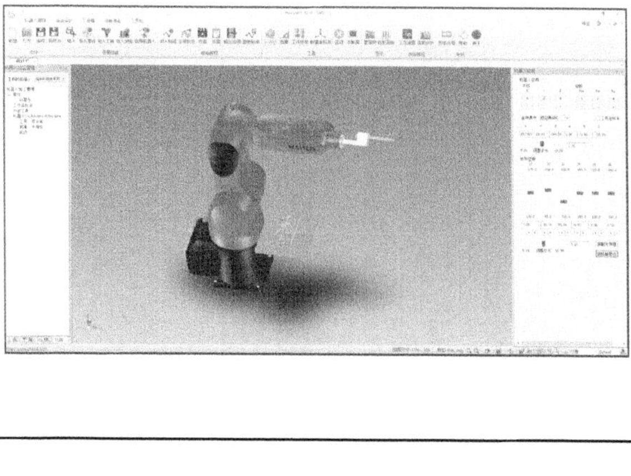

(4) 校准 TCP

在真实的工作环境中,需要先校准工具写字笔的 TCP,将得到的数据记录下来。软件中操作步骤如表 5 - 4 所列。

表 5 - 4 校准 TCP 的具体操作步骤

序　号	操作步骤	图片说明
1	选中工具笔,右击工具,在弹出的对话框中选择"TCP 设置"	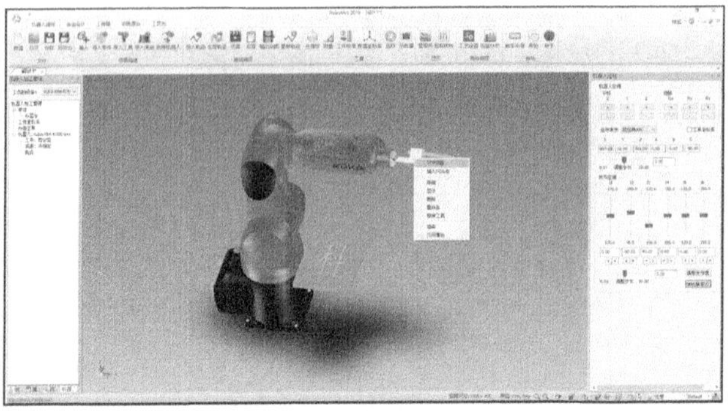
2	弹出"设置 TCP"的界面,将实际测量得到的 TCP 的坐标值填入到对应的坐标中,如图所示,再单击"确定",这样就校准了软件中的 TCP 位置	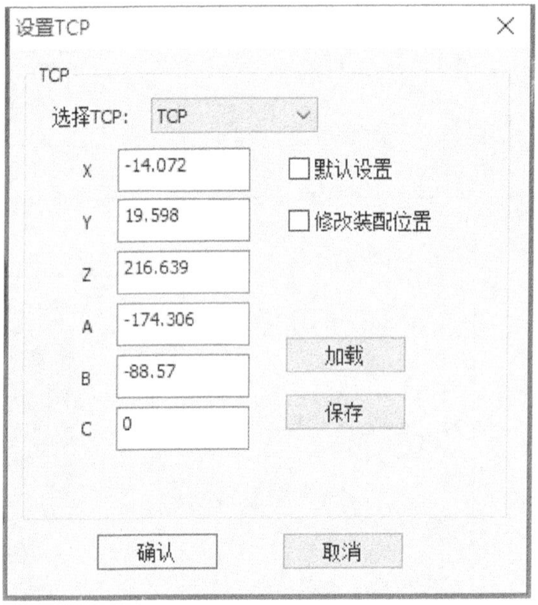

(5) 校准工件

　　现实中写字平台和机器人是有一个相对位置的。要保证软件中工件的位置与现实中的位置一致,这样设计的轨迹才有意义,才能保证设计的正确性。因此需要进行校准工件。具体操作如表 5 - 5 所列。

表 5 - 5　校准工件的具体操作步骤

序　号	操作步骤	图片说明
1	在菜单栏中单击"工件校准"图标,进行工件校准	
2	弹出如图所示的"工件校准"界面,要依次指定工件模型上的三个点	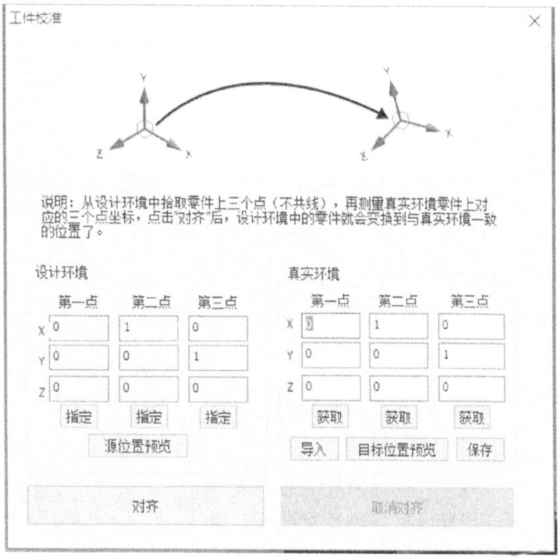
3	首先指定第一点,单击界面中"第一点"的"指定",然后在零件上单击指定的点,这样在工件校准界面设计环境的第一点中会自动出现坐标值	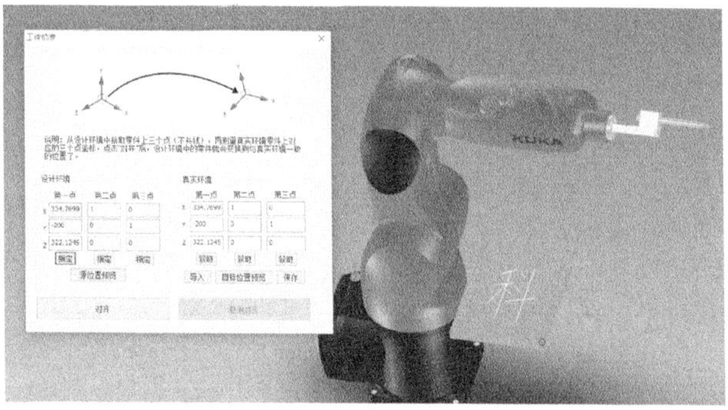
4	指定第二点,同第一点指定方式相同,如图所示,获得第二点坐标值	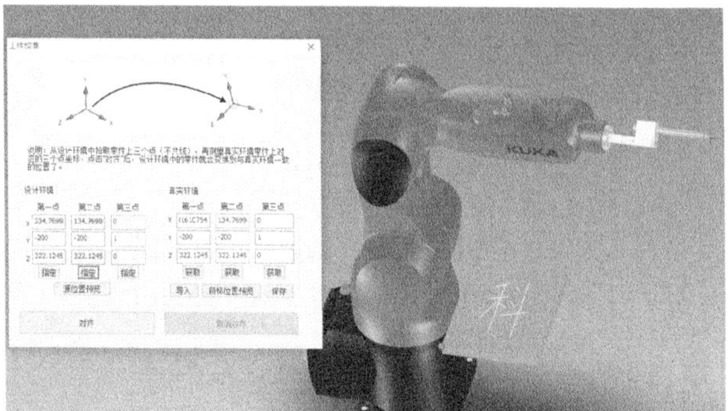

序　号	操作步骤	图片说明
5	指定第三点,如图所示,获得第三点坐标值	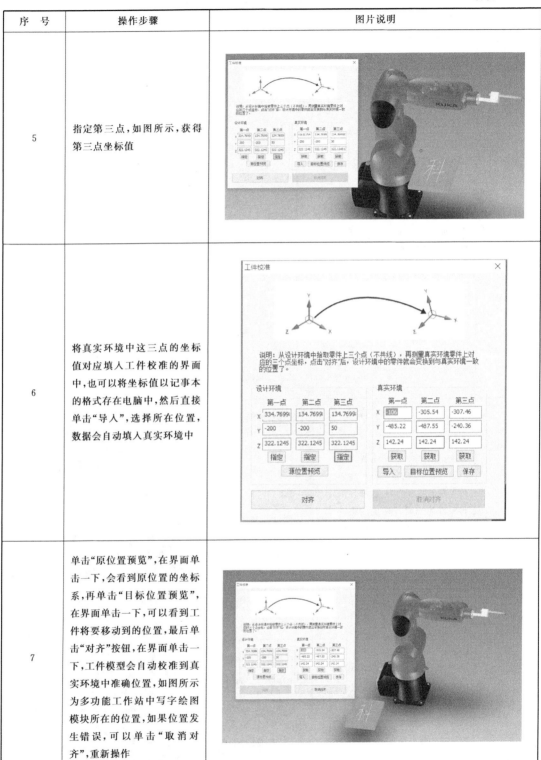
6	将真实环境中这三点的坐标值对应填入工件校准的界面中,也可以将坐标值以记事本的格式存在电脑中,然后直接单击"导入",选择所在位置,数据会自动填入真实环境中	
7	单击"原位置预览",在界面单击一下,会看到原位置的坐标系,再单击"目标位置预览",在界面单击一下,可以看到工件将要移动到的位置,最后单击"对齐"按钮,在界面单击一下,工件模型会自动校准到真实环境中准确位置,如图所示为多功能工作站中写字绘图模块所在的位置,如果位置发生错误,可以单击"取消对齐",重新操作	

续表 5－5

序　号	操作步骤	图片说明
8	将"工件校准"界面关闭,这样离线编程环境就搭建好了	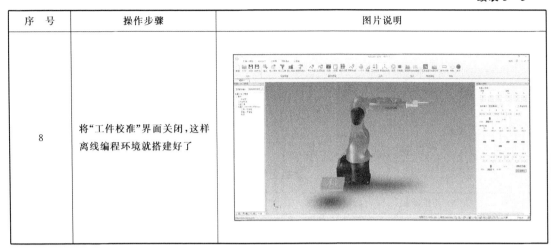

(6) 保存工程

将搭建好的离线编程进行保存,单击菜单栏中"保存"按钮,如图 5－26 所示。

图 5－26　单击保存

弹出另存为界面,选择想要保存的位置,然后输入文件名。例如命名为"写科字.robx",然后单击"保存"(如图 5－27 所示),这样后续修改可以直接打开。

图 5－27　保存文件

2. 轨迹设计

环境搭建完成后要进行轨迹设计,本次设计的是汉字"科"的轨迹。在离线编程中设计一条完美的轨迹,需要时间最优(没用的路径越少越好,提高效率)、空间最优(没有干扰,没有碰撞)。复杂的路径则需要多次生成。下面就详细介绍轨迹设计的具体操作。

工业机器人写字
离线编程操作-轨迹设计

(1) 轨迹生成

轨迹生成的操作步骤如表 5-6 所列。

表 5-6　轨迹生成的操作步骤

序　号	操作步骤	图片说明
1	单击菜单栏中"生成轨迹"图标	
2	在界面的左侧选择生成路径的类型,本次案例选择"曲线特征"	
3	在左边曲面特征的拾取元素中有三个框,分别是"线"、"面"和"零件/装配",红色代表当前是工作状态,这里要分别拾取线、面和零件,首先拾取线,先单击左侧的"线",然后在工件上拾取科字的线条,如图所示,在线的一栏中就会显示"2D草图 1",表示拾取成功	

序　号	操作步骤	图片说明
4	然后拾取面,单击"面","面"变红后在零件的面上单击一下	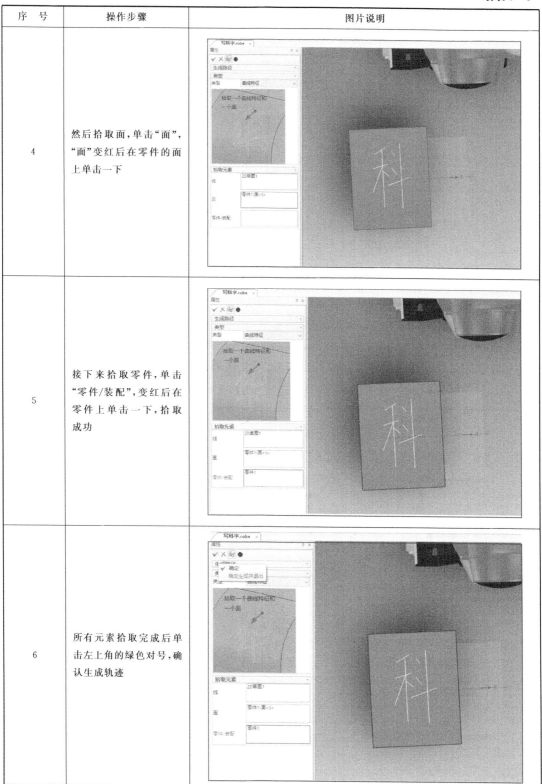
5	接下来拾取零件,单击"零件/装配",变红后在零件上单击一下,拾取成功	
6	所有元素拾取完成后单击左上角的绿色对号,确认生成轨迹	

序 号	操作步骤	图片说明
7	生成的轨迹如图所示	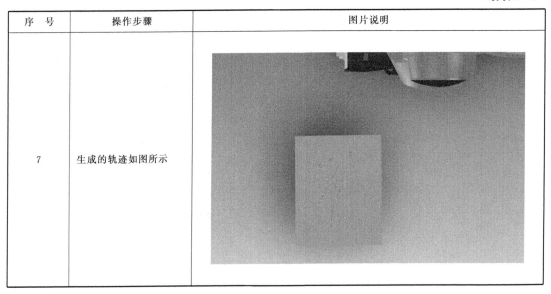

（2）轨迹点姿态调整

轨迹生成后会有一些绿点、黄点、红点或者紫点。绿点代表正常的点，黄点代表机器人的关节限位，红点代表不可到达，紫点代表奇异点。本次生成的轨迹有绿色的点和紫色的点，所以需要对轨迹点进行优化调整。具体步骤如表 5 - 7 所列。

表 5 - 7　轨迹点姿态调整操作步骤

序 号	操作步骤	图片说明
1	依次单击加工轨迹，检查轨迹的顺序是否按照"科"的书写笔画排列，如果有排错的轨迹，如"加工轨迹 3"向上移动到"加工轨迹 1"的下面，如图所示，右击"加工轨迹 3"，选择上移一个，或者直接拖动"加工轨迹 3"到"加工轨迹 1"下	

序　号	操作步骤	图片说明
2	同理,将"加工轨迹5"也上移一个,如图所示,形成正确的笔画顺序	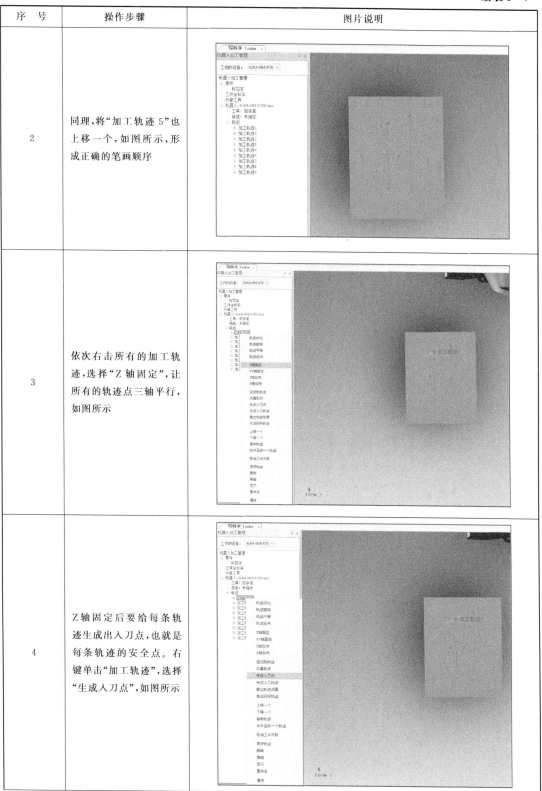
3	依次右击所有的加工轨迹,选择"Z轴固定",让所有的轨迹点三轴平行,如图所示	
4	Z轴固定后要给每条轨迹生成出入刀点,也就是每条轨迹的安全点。右键单击"加工轨迹",选择"生成入刀点",如图所示	

续表 5-7

序　号	操作步骤	图片说明
5	弹出入刀点偏移量的对话框，填入点与轨迹的距离，这里填入50，然后单击OK	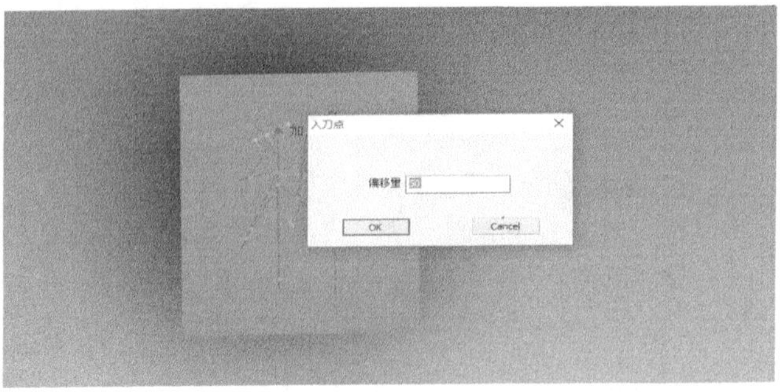
6	在轨迹的第一点和最后一点上方50 mm处生成了出入刀点，如图所示	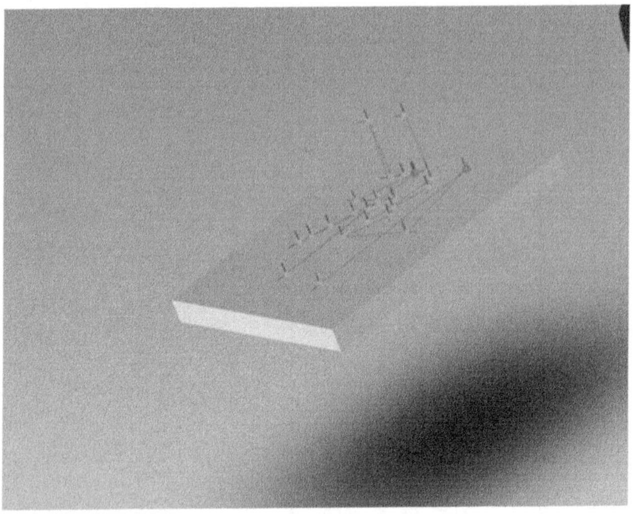
7	用同样的操作步骤，分别生成每条轨迹的出入刀点，生成后如图所示	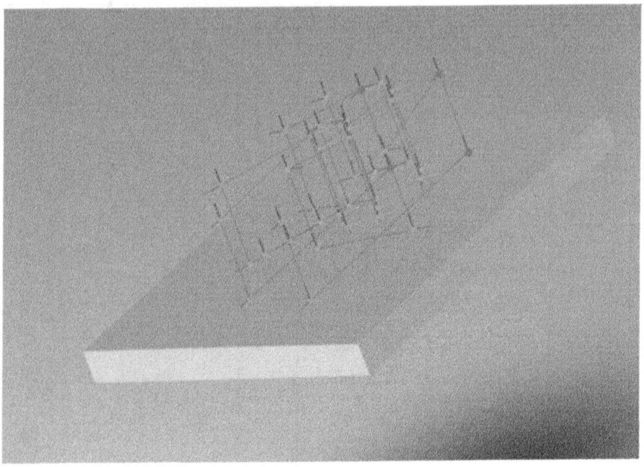

序　号	操作步骤	图片说明
8	接下来要对每条轨迹进行统一位姿的操作，使每条轨迹的轨迹点与第一个轨迹点位姿相同，避免发生姿态转变过大。双击"加工轨迹 1"，打开轨迹的分组列表，右键单击"序号 1"，也就是轨迹点1，选择统一位姿	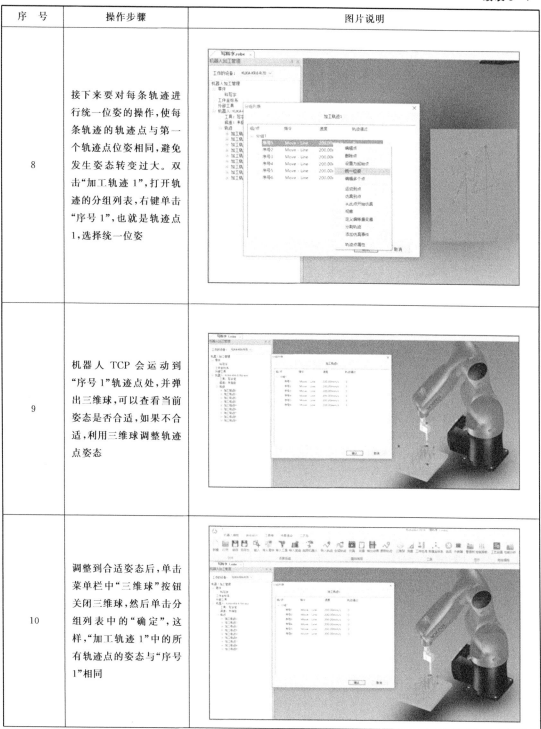
9	机器人 TCP 会运动到"序号 1"轨迹点处，并弹出三维球，可以查看当前姿态是否合适，如果不合适，利用三维球调整轨迹点姿态	
10	调整到合适姿态后，单击菜单栏中"三维球"按钮关闭三维球，然后单击分组列表中的"确定"，这样，"加工轨迹 1"中的所有轨迹点的姿态与"序号1"相同	

序 号	操作步骤	图片说明
11	用同样的操作步骤对每条加工轨迹进行统一位姿操作,使轨迹点姿态相同	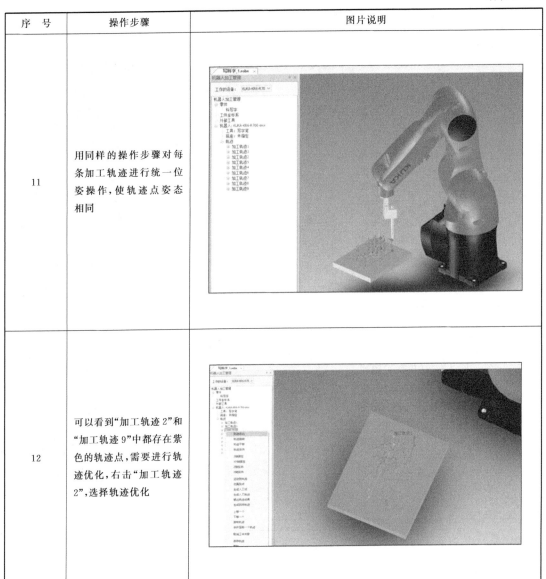
12	可以看到"加工轨迹 2"和"加工轨迹 9"中都存在紫色的轨迹点,需要进行轨迹优化,右击"加工轨迹 2",选择轨迹优化	

序　号	操作步骤	图片说明
13	弹出轨迹优化界面,将右上方"奇异性"勾选上,然后单击"开始计算"	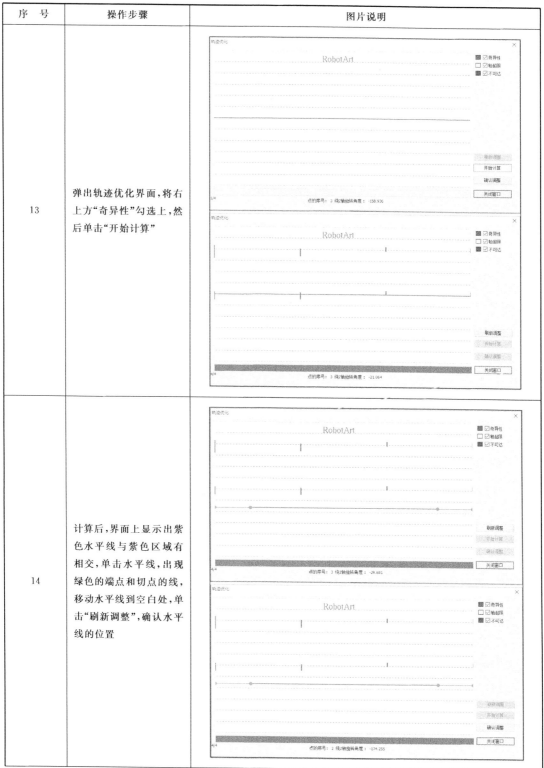
14	计算后,界面上显示出紫色水平线与紫色区域有相交,单击水平线,出现绿色的端点和切点的线,移动水平线到空白处,单击"刷新调整",确认水平线的位置	

序　号	操作步骤	图片说明
15	调整后单击"确认调整"，"加工轨迹 2"的轨迹点全部变绿	
16	同理，右击"加工轨迹 9"，选择轨迹优化，对轨迹点姿态进行调整，如图所示，"加工轨迹 9"的轨迹点全部变绿，所有的轨迹点都变成绿色，这样就完成了轨迹点姿态的调整	

(3) 插入过渡点

姿态调整完成后，还需要插入过渡点。在初始位置和"加工轨迹 1"的第一个轨迹点之间插入一个过渡点，在"加工轨迹 9"和初始位置之间再插入一个过渡点。这样可以防止发生限位。加入这些点的方法如表 5－8 所列。

表 5 - 8 插入过渡点的操作步骤

序 号	操作步骤	图片说明
1	双击"加工轨迹 1",弹出分组列表,右击"序号 1",选择"运动到点",机器人 TCP 运动点	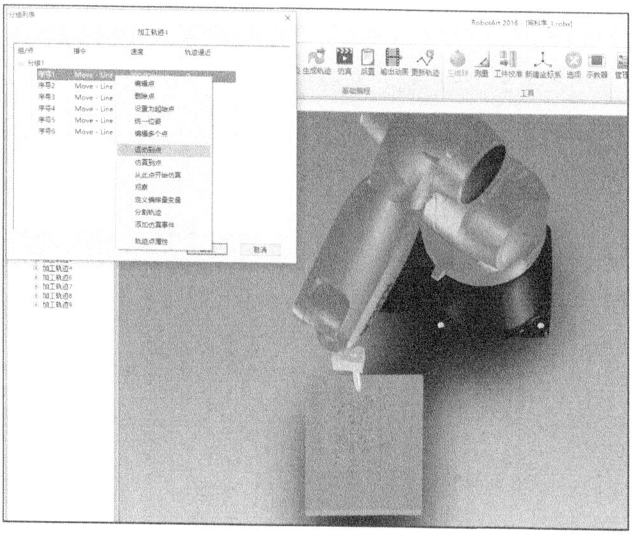
2	单击"确定"关闭分组列表,然后单击"工具",选中后,在菜单栏中单击"三维球",弹出三维球	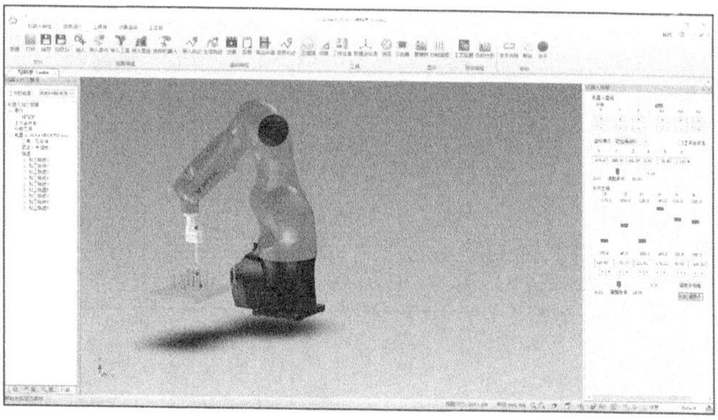
3	运用三维球将机器人移动到合适的位置,如图所示	

序　号	操作步骤	图片说明
4	单击菜单栏中"三维球"按钮，关闭三维球，右击"工具"，选择"插入 POS 点"，在轨迹列表的下面显示出插入的过渡点	
5	选中过渡点，拖到"加工轨迹 1"的下方	

序　号	操作步骤	图片说明
6	右击"过渡点",选择"上移一个",过渡点成为起点	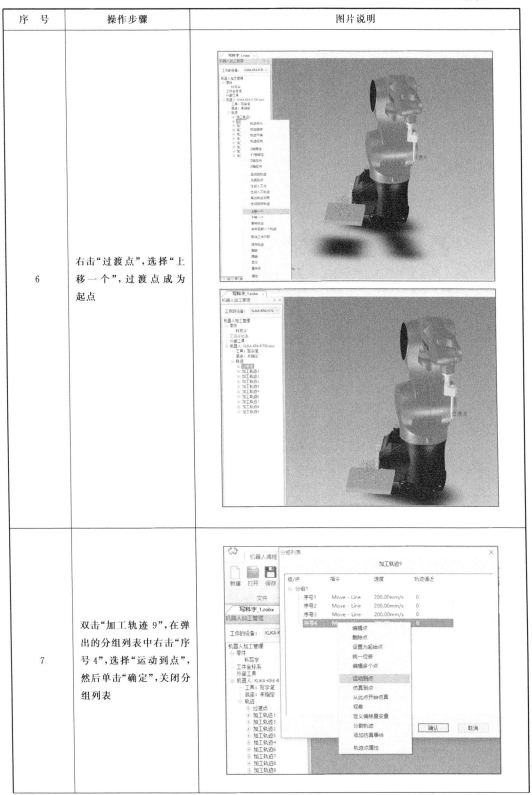
7	双击"加工轨迹 9",在弹出的分组列表中右击"序号 4",选择"运动到点",然后单击"确定",关闭分组列表	

序　号	操作步骤	图片说明
8	单击"工具",然后单击菜单栏"三维球"按钮,拖动三维球,使机器人运动到插入过渡点位置	
9	关闭三维球,然后右键单击工具,选择"插入 POS 点"	

这样,就完成了在轨迹中插入过渡点的操作。接下来就可以进行模拟仿真。

3. 仿　真

机器人生成轨迹之后需要进行仿真操作,具体步骤如表 5-9 所列。

表 5-9　仿真的具体操作步骤

序　号	操作步骤	图片说明
1	单击菜单栏中的"仿真"图标	
2	在屏幕的下方弹出仿真管理操作的功能键	
3	单击"仿真管理"对话框中的运行按钮,开始仿真,来确认轨迹是否无误	
4	确认仿真没有错误后,单击仿真管理对话框中的结束仿真按钮,关闭仿真界面	

4. 后置生成代码

仿真确认没有问题,就可以后置生成机器人代码。具体操作如表 5−10 所列。

工业机器人写字离线编程
操作-后置生成代码

表 5−10　后置生成代码的操作步骤

序　号	操作步骤	图片说明
1	单击菜单栏中"后置"图标	
2	弹出"后置处理"界面,单击"生成文件"	
3	在弹出的"另存为"界面将生成的代码文件储存在合适的位置并命名,代码的名称必须是英文或数字,例如命名为 kezi,然后单击"保存"	

续表 5 – 10

序　号	操作步骤	图片说明
4	保存成功后弹出如图所示的界面,提示保存成功和保存的位置	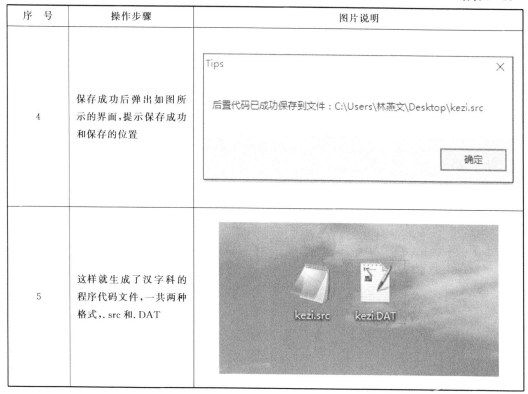
5	这样就生成了汉字科的程序代码文件,一共两种格式,.src 和.DAT	

这样就完成汉字"科"的离线编程,生成了程序代码。

任务二　RobotArt 离线编程软件联机调试

【任务描述】

将任务一生成的汉字"科"的程序代码另存到 U 盘中,导入到工作站机器人示教器中,进行程序的调试和实际的操作。

【知识学习】

加载机器人程序。

KUKA 机器人除了可以使用自身编辑的程序之外,还可以直接通过 USB 导入由离线编程方式生成的程序代码,并运行,具体的操作步骤如下:

① 将机器人设置成"专家"模式下,即可查看外部 USB 上的程序文件。

② 将 USB 上的.src 文件和.dat 文件全部复制到机器人 R1 文件夹下,复制方法为:

● 选中文件,单击"编辑"按钮,选择"复制"选项;

● 将光标定位在相应的文件夹下,单击"编辑"按钮,选择"添加"选项。

③ 以选定方式进入程序编辑器,运行程序。

【任务实施】

在工作站中的具体操作如表 5-11 所列。

工业机器人写字离线
编程操作-真机联调

表 5-11 工作站中联机调试的操作步骤

序　号	操作步骤	图片说明
1	启动工作站,确认工作站的工作状态良好,然后将储存代码的 U 盘插到示教器的 USB 插口上	
2	单击示教器主菜单,选择"配置"→"用户组",然后单击 Expert,在弹出的键盘上输入密码 KUKA	

序　号	操作步骤	图片说明
3	单击登录,进入到专家模式,在左侧显示出插入的 U 盘,这里显示的是 E 盘	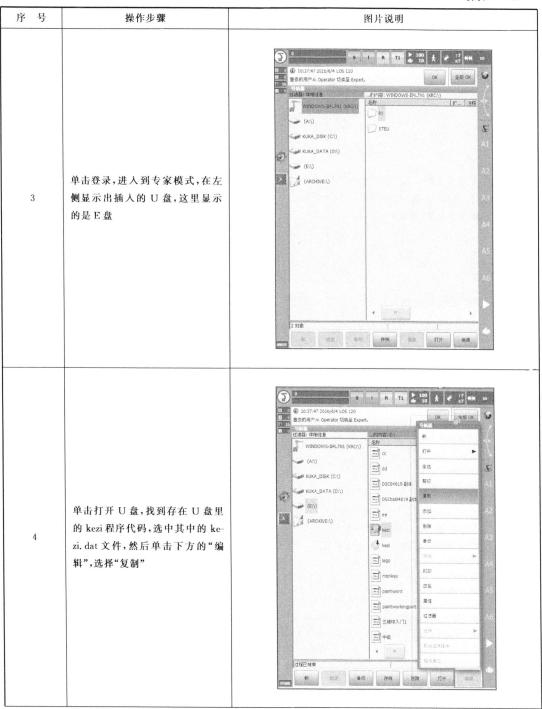
4	单击打开 U 盘,找到存在 U 盘里的 kezi 程序代码,选中其中的 kezi.dat 文件,然后单击下方的"编辑",选择"复制"	

序　号	操作步骤	图片说明
5	单击文件夹 R1，然后单击下方的"编辑"，选择"添加"，将 kezi 代码复制到 R1 文件夹下	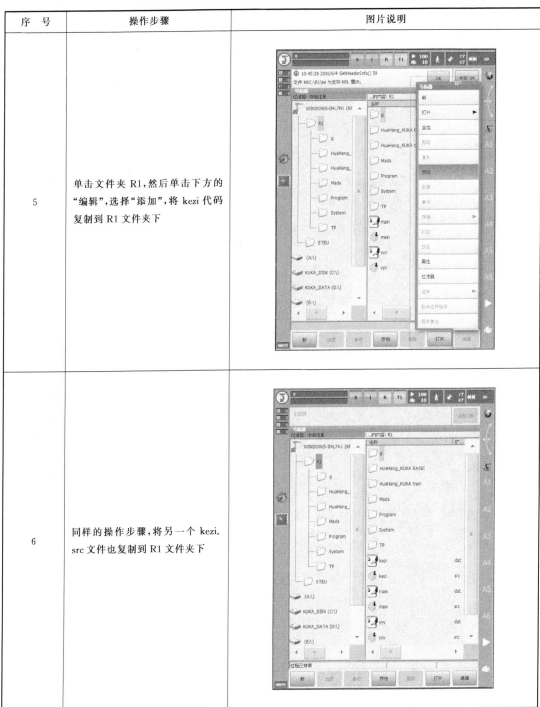
6	同样的操作步骤，将另一个 kezi. src 文件也复制到 R1 文件夹下	

序　号	操作步骤	图片说明
7	接下来就可以打开程序,选中 ke-zi. src 文件,然后单击选定	
8	进入到程序编辑界面,可以看到离线编辑的程序	

续表 5 - 11

序　号	操作步骤	图片说明
9	按下使能键,先单步运行程序,确认没有问题后,再按下运行按钮,程序连续运行	
10	汉字"科"书写完成后的效果如图所示	

这样就完成了多功能工作站的写字绘图案例的编辑,书写其他文字和绘制图案与以上方法相同,可以举一反三,熟练掌握运用。